Vorwort.

Kapital und Arbeit war der Zwiespalt, dem das stolze Reich der Arbeit erlag. Ein Bündnis an Stelle der Gegensätze wird uns retten, zu dem ein Drittes sich gesellen muß, der Geist, die technische Idee, ein Ding, das selbständig, weder Kapital noch Arbeit, ist. Gegensatz und Bündnismöglichkeit zeigt sich klar beim Ausbau der Wasserkräfte. Ohne menschliches Zutun fließt das Wasser ewig zu Tal. Die Energie zu nehmen und in den Dienst des Menschen zu stellen, ist einmalige menschliche Arbeit nötig, zur Schaffung der Anlage. Die Kohlen-Kraftanlage erfordert die gleiche einmalige menschliche Arbeit, die Gewinnung der Kohle dagegen dauernd die fast unmenschliche unter der Erde. Und dennoch verhält sich im unserem Vaterland die aus Kohle gewonnene Energie zur Wasserkraftausnutzung wie 20 : 1!

Es kann nicht die Aufgabe des vorliegenden Schriftchens sein, dieses Problem in allen Tiefen zu ergründen. Eine kurze Übersicht möchte ich geben, über die technisch-wirtschaftliche Seite, wobei ich versuchen werde, jedem aufmerksamen Leser das Wesen der Wasserkraftmaschine verständlich zu machen — in der Hoffnung, dem einen oder anderen Rüstzeug finden zu helfen, im Kampf um's Bündnis von Kapital, Arbeit und Geist. Auch Kleines muß von größerem Gesichtspunkt aus betrachtet werden, soll es der Mühe wert sein.

München, im Juni 1921.

M. Lawaczeck.

Inhalt.

I. Wirtschaftliche Grundlagen.

A. Geschichte der Wasserkraftausnutzung ... 5
B. Der Wert der Wasserkraft 7
  1. Kohle und Wasser im Rahmen der heutigen Gesamtenergiewirtschaft. ... 7
  2. Arbeit- und Leistungsbegriff 9
  3. Gestehungskosten der ausgebauten Pferdekraft. . 12
  4. Gestehungskosten einer Kilowattstunde erzeugter Energie bei Wasserkraftwerken 21
  5. Gestehungskosten einer Kilowattstunde erzeugter Energie bei Kohlenkraftwerken 30
  6. Ergebnis und Zukunftsmöglichkeiten 33
C. Das Vorkommen von Wasserkraft 37
  1. Die Wasserkräfte der Erde 37
  2. Der Bedarf an Wasserkraft 39
  3. Die Grenzen der Verschickung elektrischer Energie 40
  4. Die Grenzen der Ausbaufähigkeit der Wasserkräfte 41

II. Technische Grundlagen.

A. Die Feststellung der verfügbaren Wassermenge
  1. Regenmessung 42
  2. Messung im Flußlauf . 44
    a) Pitotrohr 45
    b) Woltmannflügel . . 45
    c) Überfallwehr. . . . 50
B. Die Regelung des Abflusses 51
  1. Natürliche und künstliche Seen 51
  2. Talsperren 53
C. Die Herstellung der Fallhöhe 58
  1. Bei Talsperren 58
  2. Bei Stauseen 59
  3. Bei Bächen und Flüssen 62
  4. Durch Umformer ... 75
D. Die Leitung des Kraftwassers 81

III. Maschinen.

A. Die Wirkung des Wasserstrahles 82
B. Die Wasserräder ... 85
  1. Unterschlächtige Räder . 85
  2. Oberschlächtige Räder . 87
  3. Mittelschlächtige Räder . 88
  4. Vergleich der Wasserräder untereinander 89
C. Die Turbinen 90
  1. Begriffbestimmung an Hand des Vergleichs von Wasserrad und Turbine 90
  2. Die Freistrahlturbinen . 91
    a) Schaufelriß der Freistrahlturbine 92
    b) Aufbau der Freistrahlturbine 94
  3. Die Überdruckturbinen . 97
  4. Die Regulierung der Turbinen 108
D. Sonstige Wasserkraftmaschinen
  1. Die Wassersäulenmaschine 113
  2. Der Hydrokompressor. . 115

I. Wirtschaftliche Grundlagen.

Alles irdische Leben kommt von der Sonne. Sie schafft in der Wärme die Energie zum Wachsen und Reifen der Pflanzen, die als Nahrung unsere Energie wachhalten, sie hat in der Kohle die Energie vergangener Zeiten aufgespeichert in ungeheuren Vorräten, von denen unsere Maschinen zehren; Sonnenwärme verdampft den schweren Tautropfen und das Meerwasser, sodaß es leichter als Luft — feuchte Luft ist leichter als trockene, denn Sinken des Barometerstands zeigt schlechtes Wetter an — sich zu den Wolken hebt, um in Regengüssen oder Schnee wieder niederzugehen. So verdankt auch das zu Tal rinnende Wasser, das der Menschen Mühlen zu treiben fähig ist, seine Energie immer wieder der Sonne. Die Sonne schafft fortgesetzt das Wasser auf die Berge, sodaß es nicht aufhört, herabzufließen. Solange die Berge stehen, solange wird uns die Sonne Wasserenergie zur Verfügung stellen. In der steten Erneuerung liegt der Hauptwert dieser Energiequelle und ihr bedeutsamer Vorzug der Kohle gegenüber.

A. Geschichte der Wasserkraftausnutzung.

Schon früh haben sich die Menschen die Wasserenergie nutzbar gemacht. Die Wasserkraftmaschine ist die älteste Maschine zum Ersatz von Menschen- oder Tierkraft. Marcus Vitruvius Pollio, unter Julius Cäsar und Kaiser Augustus Ingenieur und Baumeister, beschreibt um 16 v. Chr. zum ersten Male als Neuheit ein Wasserrad, das zum Betrieb von Mühlen diente, die früher ausschließlich von Menschenhand oder von Eseln getrieben wurden. Die Anwendung der Wasserräder als Antriebmaschine wird viel älter sein als diese Beschreibung und wahrscheinlich haben die alten Germanen mit ihrer unerreicht hochstehenden Technik der Bronzeherstellung bei ihrer außerordentlich hohen Kultur Wasserräder zum Antrieb von Gebläsen schon Jahrtausende vorher benutzt, wie aus uralten Abbildungen auf Steinen und Bronze vermutet werden kann. Jahrtausende vorher, denn die Blüte des Bronzezeitalters war um 2500 v. Chr. Das Wasserrad hat sich bis zur Neuzeit fast unverändert erhalten und meist zum Antrieb von Mühlen für Getreide und Papier, dann aber auch zum Antrieb von Eisenhämmern und bergbaulichen Maschinen gedient. Das bedang, daß die Industrie sich an dem Wasserfall, der die Kraft hergab, ansiedeln mußte. Man nahm dann von der Wasserkraft nur soviel, wie man eben brauchte, wenn auch häufig der Ausbau der Gesamtkraft nur wenig teurer, die Ausbeute aber eine vielfache gewesen wäre. Man trieb also Raubbau, wenigstens häufig genug.

Die Gebundenheit der industriellen Unternehmung an dem Ort der Wasserkraft, die in bequem ausnutzbarer Form zumeist nur in unwegsamem Gebirge zu finden ist, setzte den Wert der Wasserkraft außerordentlich herab. Erst als diese Gebundenheit durch die elektrische Kraftübertragung gelöst wurde, schnellte der Wert der Wasserkräfte in die Höhe. Es ist ein Ruhmesblatt wiederum der deutschen Wirtschaftsgeschichte, in der denkwürdigen Ausstellung zu Frankfurt a. Main im Jahre 1891 den Nachweis durch die Tat geführt zu haben, daß es möglich und wirtschaftlich sei, Energie von ihrem Erzeugungsorte weit entfernt zu verbrauchen. Die Frankfurter Ausstellung führte 300 pferdige Elektromotoren vor, die ihren Strom aus Lauffen bekamen, also von dem 175 km weit entfernten Wasserfall des Neckars bei Lauffen angetrieben wurden. Für die Fortleitung des elektrischen Stromes ergab sich dabei ein Nutzeffekt von 75%, es gingen nur 25% an Strom verloren; um die 300 Pferdekräfte in Frankfurt abnehmen zu können, mußten also in Lauffen 400 Pferdekräfte in die Leitung hineingeschickt werden. Als Spannung waren 30000 Volt benutzt.

Mit diesem glücklichen Versuch war die Möglichkeit dargetan, den im fernen Waldtal rauschenden Wasserfall zu zwingen, Städte zu beleuchten, in städtischen Werkstätten die Motoren zu betreiben. Die Entwicklung der Wasserkräfte setzte in größerem Maßstab ein. Es konnten die Großwasserkraftwerke entstehen, gehemmt und gefördert durch die Großdampfkraftwerke. Gehemmt wurde die Entwicklung, weil die Kohlenkraft in vielen Fällen billiger war, gefördert, weil die Dampfkraft in wasserarmen Zeiten als Reserve einspringen konnte, vor allem aber an den Großkraftwerken der Kohle der ungeheure Nutzen erwiesen wurde, der aus großzügigen ganze Länder umfassenden Kraftwerken der Allgemeinheit erwächst. Inmitten dieser Entwicklung stehen wir heute. Es wird nicht lange dauern, dann wird die Kette von Großkraftwerken für ein von Bremen bis zur Schweiz und Tirol

1. Kohle und Wasser im Rahmen der heutigen Gesamtenergiewirtschaft   7

durch Deutschland reichendes Stromerzeugungsgebiet lückenlos sein. — In diesen Großkraftwerken wird die Energie in weit überwiegendem Maße nicht von Wasserkraft, sondern durch Kohle erzeugt, wie denn überhaupt der Beitrag der Wasserkraft zur Energiewirtschaft auf der ganzen Erde ein erstaunlich geringer ist, trotz der Tatsache, daß die Wasserkraft nach menschlichem Ermessen unerschöpflich ist, der Kohlenvorrat aber in absehbarer Zeit zu Ende geht.

B. Wert der Wasserkraft.

1. Kohle und Wasser im Rahmen der heutigen Gesamtenergiewirtschaft. Um die Bedeutung der Wasserkräfte richtig würdigen zu können, müssen wir uns ein Bild von der gesamten Energiewirtschaft zu machen suchen. Ungefähre Zahlen über den jährlichen Energiegewinn aus den verschiedenen Kraftmitteln, die uns zur Verfügung stehen, sind für zwei verschiedene Jahre in der Zeitspanne eines Jahrzehnts hierunter in Tafel 1 mitgeteilt.

Kraftmittel:	Gewonnene Leistung in Millionen PS:	
	im Jahre 1908	im Jahre 1918
Erdöl	3,5	8,7
Erdgas	2,4	3
Wasserkraft	3,4	15—20
Kohle	127	160

Die Aufstellung zeigt, daß im Jahre 1908 die aus Kohle gewonnene Energie etwa 37 mal so groß war, wie die aus Wasserkraft, im Jahre 1918 dagegen nur noch etwa 8 bis 10 mal so groß. Die Bedeutung der Wasserkraft ist also in raschem Steigen begriffen, wenngleich die Kohle ihre überragende Bedeutung behalten hat.

Diese überragende Bedeutung der Kohle hat etwas überraschendes. Man bedenke doch, daß die Kohle in harter Arbeit aus tiefen Schächten, die von Jahr zu Jahr an Tiefe zunehmen, herausgeholt werden muß, daß sie mit immer mehr steigenden Löhnen belastet ist, und daß ihre Umwandlung in mechanische Energie auf dem Wege der Wärmekraftmaschine mit außerordentlich hohen Verlusten verknüpft ist. Schon auf dem Wege von der Förderstelle zum Stapelplatz, von da zum Dampfkessel geht eine beträchtliche Menge verloren; dann muß die Kohle unter dem Kessel verbrannt werden, wobei

B. Wert der Wasserkraft

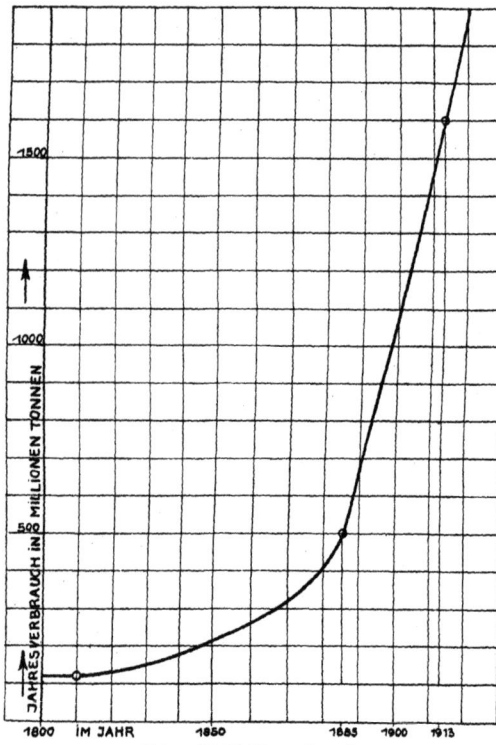

Abb. 1. Weltkohlenverbrauch.

ein bedenklicher Teil der Wärme durch den Schornstein geht, anstatt in den Dampfkessel und schließlich gehen von der nun glücklich dem Wasser aufgezwungenen Wärmeenergie mindestens 80% auch in den allerbesten Maschinen bei der Umsetzung in mechanische Energie verloren. Der größte Teil der kostbaren Wärme muß einem unerbittlichen Naturgesetz zufolge im Auspuffdampf oder dem Kondensatorkühlwasser nutzlos fortgeschafft werden. Kein Wunder, daß auch die besten Dampfkraftanlagen die Kohle nur bis höchstens 17% ausnutzen und diesen Wert nur erreichen bei sorgfältigstem Betrieb, kleinere Werke gelegentlich nur bis zu einem Nutzungswert von 2% kommen! In vielen Fällen geraten also 98% der geförderten Kohle in Verlust. Wahrlich, unsere Nachkommen werden uns als Verschwender brandmarken! Als Verschwender von Schätzen, deren Vorkommen begrenzt ist und deren Ende man absehen kann! Die Braunkohlenlager werden in vielleicht 40 Jahren schon erschöpft sein, die Steinkohle in einigen Jahrhunderten, wenn der Verbrauch weiter wächst, wie bisher. Der bisherige Verbrauch ist in beistehendem Bild (Abb. 1) veranschaulicht. Der sichere Weltvorrat wird auf rund

1000 Milliarden Tonnen geschätzt. Diese werden in 200 Jahren erschöpft sein, ist indessen der Vorrat, wie vermutet werden kann, 7400 Milliarden, dauert es bis zur Erschöpfung 600 Jahre. Alles in allem absehbare Zeiten. Wie viel günstiger für die Weltwirtschaft scheint da doch die Ausnutzung der Wasserkraft. Kostenlos hebt die Sonne das Wasser immer wieder auf die Berge; ohne Arbeit der Menschen rinnt es immer wieder zu Tal. Die Maschinen zur Ausnutzung der Wasserkraft sind die einfachsten ihrer Art. Den Dampfkessel ersetzt die Sonne, kein Gestänge, kein Kurbeltrieb ist nötig, die hin- und hergehende Bewegung in drehende umzusetzen, das Wasser zwingt unmittelbar das Wasserrad und die Turbine zum Umlauf, so wie es zur Weiterleitung der Energie am günstigsten ist.

Nur 15—25% der zugeleiteten Energie gehen verloren gegenüber den 80—90% Verlust bei der Wärmekraftmaschine. Die Ausbeute ist also unvergleichlich besser als bei Kohle. Und dennoch diese verhältnismäßig geringe Anwendung! Das kann nur daran liegen, daß die aus Kohle gewonnene Energie an dem Orte, an dem man ihrer bedarf, billiger ist, als die aus Wasserkraft gewinnbare. Wie die Kohle mit Löhnen, so ist die Wasserkraft mit den Zinsen für die Ausbaukosten belastet. Und so wie die Verhältnisse lagen, war trotz aller Unkosten, Unbequemlichkeiten und trotz der Gefahr der Erschöpfung die Kohlenkraft billiger. Gewiß — von höherer volkswirtschaftlicher Warte gesehen ein Unglück! Wollen wir also, das Unglück zu mildern, steigende Wasserkraftausnutzung, so müssen wir sie billiger gestalten und das kann nur in hartem Kampf mit der Kohlenkraft geschehen. Deren Entwicklungsgang müssen wir nebenher ein wenig verfolgen, wollen wir in großen Zügen uns ein Bild der Ausbaumöglichkeiten der Wasserkräfte machen und ein Urteil über die Herstellungkosten der Wasserpferdekraft gewinnen.

Sodann müssen wir sehen, welche Kosten die Weiterleitung der Wasserkraft von dem Gestehungsort bis zu dem Verbraucher verursacht und wir werden überlegen müssen, welche Grenzen zur Zeit der Technik der Weiterleitung gestreckt sind. Denn noch immer ist ein in der afrikanischen Wildnis rauschender Wasserfall für uns unerreichbar, auch wenn er noch so gewaltig wäre und seine Ausbaukosten verschwindend gering sind.

2. Arbeit- und Leistungsbegriff. Zunächst müssen wir uns klar machen, was denn eigentlich das Maß für die Energie, die Leistungs-

B. Wert der Wasserkraft

einheit sei. Wenn eine Last von 100 kg um einen Meter hochgezogen wird, so ist damit eine Arbeit von 100 mkg geleistet worden. Für den, der die Arbeit bestellt hat, etwa einen Kaufmann, der Säcke hochwinden läßt, ist es keineswegs gleichgültig, wie lange der Arbeiter zu jener Arbeit braucht, denn nach der Zeit wird bezahlt. Um den Wert der geleisteten Arbeit zu beurteilen, muß die Zeit angegeben werden, innerhalb welcher die Arbeit geschafft wurde. Innerhalb bestimmter Zeit getane Arbeit nennt man Leistung. Braucht der Arbeiter, um den 100 kg schweren Sack einen Meter hoch zu heben, 5 Sekunden so ist seine Leistung $\frac{100}{5} = 20$ mkg/sec (sprich: Meterkilogramm in der Sekunde). Wäre die gleiche Arbeit in 1 sec geleistet worden, so wäre die Leistung fünfmal so groß, nämlich 100 mkg/sec gewesen. Die Leistungseinheit ist also ein Meterkilogramm in der Sekunde, abgekürzt mkg/sec. Diese Einheit ist unpraktisch klein, deshalb hat man 75 mkg/sec zur Einheit erhoben. 75 mkg/sec nennt man eine Pferdekraft, abgekürzt PS = Pferde-Stärke. Da ein gehobener Körper im Herunterfallen ohne Verlust eine ebenso große Energie abgibt, wie zum Heben erforderlich war, stellt ein Wasserfall, bei dem sekundlich 1500 Liter Wasser = 1500 kg 100 Meter hoch herabfallen, eine Leistung von 150000 mkg/sec = 2000 Pferdekräfte dar.

Würde dieser Wasserfall über eine Turbine geleitet, so würde diese Turbine aber nicht 2000 Pferdekräfte abliefern, sondern soviel weniger, als für die inneren Reibungen und sonstigen Verluste, zum Hinbringen der Wassermassen zur Turbine, zum Fortleiten der aus der Turbine abfließenden Wassermengen an Energie verbraucht werden. Der Rest erst ist Nutzleistung, die nunmehr zum Antrieb einer Dynamo zwecks Erzeugung von elektrischem Strom oder zum Antrieb der Transmission einer Fabrik oder Mühle verwertet werden kann. Das Verhältnis zwischen Nutzleistung und zur Verfügung gestellter, in die Turbine hineingeschickter Leistung bezeichnet man mit Wirkungsgrad. Der Wirkungsgrad von guten Wasserrädern und Turbinen beträgt 75—85% in ganz seltenen Fällen über 90%. Die Nutzleistung unseres Wasserfalles, für dessen Turbinen wir einen Wirkungsgrad von 80% einmal annehmen wollen würde also 0,8 × 2000 = 1600 PS betragen. Läßt man diese Turbine mit 1600 PS nun für eine bestimmte Zeit etwa eine Stunde arbeiten, so spricht man von der Arbeit von Pferdekraftstunden, das wären also 1600 PSSt = 3600 sec

2. Arbeits- und Leistungsbegriff

$\times$ 1600 $\times$ 75 = 432 000 000 mkg, da eine Stunde 3600 sec und eine Pferdekraft 75 mkg/sec hat. Man beachte, daß bei der Arbeit der Zeitbegriff weggefallen ist.

In der überragenden Mehrzahl der Fälle wird die mechanische Energie erst in elektrische umgesetzt, bevor sie verkauft wird. Die elektrische Leistung wird durch „Watt" gemessen. Das Meterkilogramm ist auf die Gewichtseinheit, das Watt auf die Masseneinheit aufgebaut, Masse und Gewicht unterscheiden sich um den Betrag der Erdbeschleunigung $g = 9{,}81$ m/sec^2, so daß ein Meterkilogramm in der Sekunde geteilt durch 9,81 ein Watt und 1 mkg/sec = 9,81 Watt bedeutet. Eine Pferdestärke ist infolgedessen gleichbedeutend mit $75 \times 9{,}81 = 736$ Watt. Da ein Watt eine unpraktisch kleine Einheit sein würde, hat man das Kilowatt geprägt, das 1000 Watt darstellt. Es ist also 1 PS = 0,736 Kw und 1 Kw = 1,36 PS.

Wenn man der Leitung für eine Stunde lang 1 Kw entnimmt, hat man die Arbeit einer Kilowattstunde entnommen, ein Begriff, der der Pferdekraftstunde entsprechend gebildet ist: 1 KwSt = 1,36 PSSt. Von den Elektrizitätswerken werden bekanntlich Zähler aufgestellt, die die entnommenen Kilowattstunden zählen. Danach wird der Strom bezahlt.

Eine dritte Energieform ist die Wärme. Sie wird in Wärmeeinheiten (Calorie) gemessen und zwar ist eine Wärmeeinheit diejenige Wärmemenge, die ein Liter Wasser in der Temperatur um 1^0 C erhöht. Einer Wärmeeinheit Energie ist gleichwertig einer mechanischen Energie von 424 mkg. Wenn also ein Kilogram Kohle mit 8000 WE in einer Sekunde verbrannt und restlos in mechanische Energie übergeführt würde, so müßten von diesem einen Kilogramm nicht weniger als $\frac{8000 \times 424}{75} = 45\,300$ PS erzeugt werden. Wenn man sich die Kohlenmengen vorstellt, die in einem Dampfkraftwerk in jeder Sekunde verbrannt werden und daß Anlagen von 10 000 PS schon recht große Kraftwerke darstellen, gewinnt man eine ungefähre Anschauung von dem vorher besprochenen schlechten Wirkungsgrad einer Dampfkraftanlage.

Der Gehalt der Kohlen an Wärmeeinheiten ist sehr verschieden und da es dem Käufer immer nur um die Wärme zu tun ist, die in der Kohle steckt, sollte sie nach ihrem Gehalt an Wärmeeinheiten, dem Heizwert, nicht aber nach Gewicht gehandelt werden. 1 kg bester Steinkohle hat etwa 7000—8000 WE, 1 kg Braunkohle 2500 WE,

B. Wert der Wasserkraft

1 kg Dynamit etwa 1 000 WE. Sprengstoffe zeichnen sich nicht durch hohen Gehalt an WE aus, sondern durch die Fähigkeit, außerordentlich rasch zu verbrennen. Zur Schulung des Leistungsbegriffes sei angeführt, daß bei einer Verbrennungszeit von 1/1000 sec 1 kg Dynamit also

$$\frac{1000 \times 424}{1/1000 \times 75} = 6\,650\,000 \text{ PS}$$

erzeugen könnte, freilich diese Leistung eben nur während der kurzen Zeit von $\frac{1}{1000}$ Sekunde zur Verfügung stellt.

3. Gestehungskosten der ausgebauten Pferdekraft. Um auf unseren Wasserfall zurückzukommen, müssen wir feststellen, daß die Umwandlung der von der Turbine zur Verfügung gestellten 1600 PS in elektrische Energie wiederum an Verluste gebunden ist, da der Stromerzeuger für unvermeidliche Erwärmung der Eisen- und Kupfermassen, für Überwindung des Luftwiderstandes und der Lager- und Bürstenreibung Energie verbraucht, wenn auch nur sehr wenig, da der Wirkungsgrad guter Dynamos 95% erreichen kann. Rechnen wir in unserem Beispiel mit 90% Wirkungsgrad, so werden in Gestalt elektrischer Energie von der Dynamo $0{,}9 \times 1600 \text{ PS} = 0{,}9 \times 0{,}736 \times 1600 =$ rund 1075 Kw abgeliefert. Wollen wir diese an Kunden verteilen, so haben wir noch Verluste für die Fortleitung des Stromes zu buchen. Schätzen wir diese zu 7,5%, so verbleiben aus dem Wasserfall 1000 Kw für an den Kunden abgelieferte Energie. Hätten nun unsere Kunden diesen Strom für zehn Stunden Dauer täglich abgenommen, so hätte der Wasserfall täglich 10 000 Kilowattstunden nutzbare elektrische Arbeit abgegeben. Den Preis, der sich in erster Linie nach der Nachfrage richtet, mit 0,3 ℳ für die Kilowattstunde veranschlagt, ergäbe der Wasserfall eine tägliche Roheinnahme von 3000 ℳ. Also könnte unser Wasserfall bereits ein ganz erhebliches Vermögen darstellen. Um indessen beurteilen zu können, ob es wirtschaftlich wäre, den Wasserfall auszubauen, müßten wir eine ganze Reihe weiterer Fragen uns vorlegen, die schließlich in die beiden ausmünden:

1. Was kostet der Ausbau einer Pferdestärke oder eines Kilowatts?
2. Was kostet die Herstellung einer Kilowattstunde?

Entscheidend ist die Frage 2, zu deren Beantwortung Frage 1 lediglich Hilfsfrage ist.

Außerdem müssen wir uns fragen, ob denn Absatz für den erzeugten Strom vorhanden ist. Ein noch so großer Wasserfall in dem Innern

3. Gestehungskosten der ausgebauten Pferdekraft

Afrikas, oder in den Felsenschluchten des Himalaya ist zur Zeit auch ausgebaut wertlos, da seinen Strom niemand abnimmt. Es genügt nicht nur den Bedarf als solchen festzustellen, es muß auch klargestellt werden, wie sich der Strombedarf innerhalb 24 Stunden verteilt. Wenn z. B. ein Kunde vorübergehend alle 3—4 Stunden für einige Minuten 1000 Kw entnehmen wollte, also unseres Wasserfalls gesamte Leistung zeitweilig mit Beschlag belegt, große Leistung, aber nur geringe Arbeit, nämlich nur wenige KwSt abnähme, so würde dieser Kunde uns sehr wenig willkommen sein, es sei denn, daß er des Nachts zu einer Zeit seinen Bedarf deckt, da andernfalls keine Nachfrage besteht. Hochwillkommen wäre uns ein Kunde, der Stunde für Stunde gleichmäßig Tag und Nacht Strom abnimmt.

Wenn wir den ganzen Tagesabsatz, der ja fortwährend schwanken wird, uns gleichmäßig auf 24 Stunden verteilt denken und dann wieder aufs Jahr den Jahresabsatz, so wäre dafür eine Maschine erforderlich, die meist erheblich kleiner an Leistung sein könnte als die wirklich eingebaute. Das Verhältnis dieser gedachten Maschine zur wirklichen ist der Belastungsgrad des Werkes. Dieser Belastungsgrad ist ausschlaggebend für die Wirtschaftlichkeit. Je nach der Entnahmezeit könnten wir offenbar verschiedene Preise nehmen und wir würden eine solche Preispolitik treiben, daß unser Kraftwerk tunlichst gleichmäßig und voll die 24 Stunden ausgenutzt wird, d. h. einen Belastungsgrad anstreben, der sich möglichst der Eins nähert.

Der Wert einer Wasserkraft ist erkennbar, wenn man das Verhältnis $\frac{\text{erzielbarer Preis}}{\text{Herstellungskosten}}$ für eine Kilowattstunde kennt. Dies Verhältnis erst stellt den Maßstab für den Wert einer Wasserkraft dar, den zu beurteilen wir die Absatzverhältnisse sowohl wie die zum Ausbau der Wasserkraft erforderlichen Kosten betrachten müssen.

Im einzelnen Fall den Wert einer Wasserkraft zu bestimmen, muß immer der eingehenden Arbeit des Fachmannes überlassen bleiben, wir können hier nur den Weg der Wertebestimmung angeben. Die Absatzmöglichkeiten werden beherrscht durch die Preise, die für Strom aus Wärmekraftwerken am gleichen Orte eingeräumt werden können; deshalb müssen wir uns nebenbei auch etwas mit den Preisen der Kohlenkraft vertraut machen.

Betrachten wir von dem Verhältnis $\frac{\text{erzielbarer Preis für 1 KwSt.}}{\text{Herstellungskosten für 1 KwSt.}}$

B. Wert der Wasserkraft

zunächst den Nenner. Die Herstellungskosten setzen sich zusammen aus: 1. Verzinsung für das Anlagekapital, 2. Tilgung für das Anlagekapital, 3. Betriebskosten und Verwaltung.

Bei weitem den größten Teil der Kosten macht die Verzinsung des Anlagekapitals aus. Von dem Anlagekapital wiederum wird der größte Teil durch die Wasserbauten, der kleinere Teil nur durch die Maschinen verschlungen. Die Wasserbauten werden, auf die KwSt bezogen, deshalb so teuer, weil sie ebenso wie die Maschinen für weit größere Leistung als die Durchschnittsleistung ausgeführt werden müssen. Die Flüsse und Bäche liefern je nach den Jahreszeiten erheblich verschiedene Wassermengen. Soll man nun die Kanäle, die das Wasser den Maschinen, zuführen für das größte Hochwasser ausbauen, nur damit man davon keine Energie verloren zu geben braucht, obwohl dies Hochwasser nur für Tage zur Verfügung steht? Man hätte die Kanäle und Maschinen dann in erheblichen Abmessungen herzurichten, um die teuren Anlagen den größten Teil des Jahres gar nicht ausnutzen zu können. Andererseits wird in der Regel die Durchschnittsleistung zu klein, begnügte man sich mit Kanälen von solchen Abmessungen und Maschinen solcher Größe, daß immer nur gerade das in der wasserärmsten Zeit vorhandene Wasser ausgenutzt werden könnte. Auch das wird unwirtschaftlich. Der goldene Mittelweg wird auch hier der beste sein. Wir sehen schon jetzt, daß die Maschinen und Wasserbauten größer auszuführen sind, als sie sein müßten, wenn sie jede Minute im Jahre vollständig der auftretenden Niedrigst=Wassermenge entsprechend ausgenutzt werden sollten. Die ausgebauten Pferdestärken oder Kw sind also immer größer als die durchschnittliche Leistungsfähigkeit der Wasserkraft. Man könnte dieses Verhältnis den Beaufschlagungsgrad nennen. Es kann gelegentlich der für die ausgebaute Pferdestärke angelegte Preis sehr niedrig sein und dennoch das Kraftwerk unwirtschaftlich, wenn die Wasserverhältnisse den vollen Betrieb für zu wenige Stunden im Jahr nur gestatten. Mit allen Mitteln hat der Ingenieur danach zu streben, das Kraftwerk das ganze Jahr über gleichmäßig zu beaufschlagen oder besser noch die Beaufschlagmöglichkeit der jeweils durch die Nachfrage bedingten Belastungsnotwendigkeit anzupassen. Er wird also in wasserreichen Zeiten das Kraftwasser aufspeichern, um es in wasserarmen Zeiten zu verbrauchen. Er wird während der Nacht das Wasser zurückhalten um desto mehr Strom den Tag über erzeugen zu können. Wenn keine natürlichen Seen vorhanden sind, die als Wasserspeicher dienen, müssen künstliche ge=

3. Gestehungskosten der ausgebauten Pferdekraft

schaffen werden. Das kostet natürlich Geld, viel Geld, umsomehr, je hartnäckiger man auf vollem Ausgleich besteht. Man wird also auch hiermit weniger zufrieden sein müssen. Wenn künstliche Seen, Talsperren oder Stauweiher angelegt werden müssen, so muß der zu überflutende Boden erworben werden. Manchmal sind ganze Dörfer unter Wasser gesetzt worden, deren Bewohner an anderer Stelle auf Kosten des Unternehmers angesiedelt werden mußten. Es kann wertvolles Gelände der Versumpfung anheim fallen, andere Strecken können durch Wasserentzug trocken gelegt werden. Den Schaden hat das Kraftwerk zu tragen. Häufig müssen Wege verlegt, Brücken gebaut werden und alle Kosten fressen Zinsen, die die Kilowattstunde um so mehr verteuern, je weiter die Anzahl ausgebauter Pferdestärken sich von der Durchschnittsleistung entfernt. Wenn einem Fluß das Wasser entzogen wird, damit es in Turbinen Arbeit schaffe, geht das Wasser dem Fluß auf größere oder kleinere Strecken verloren. Der Fischereibetrieb wird in dieser Strecke beeinträchtigt und es wird nicht an Schadenersatzansprüchen fehlen. War Flößerei betrieben worden, so muß auf Kosten des Kraftwerkunternehmers die Flößerei entschädigt werden, sei es, daß besondere Floßgassen, d. s. Gerinne aus Holz, Erde oder Zement, angelegt werden oder gar besondere Bahnen für die Holzabfuhr. War der Fluß schiffbar, so müssen natürlich den Schiffen neue Wasserwege gebaut werden und es ist die Regel, daß dann von dem Kraftwerkunternehmer Schleusen von solchen Abmessungen verlangt werden, daß sie einen Schiffverkehr bewältigen könnten, wie auch in fernster Zukunft der Fluß ihn nicht gesehen haben würde. Zu guter Letzt mag auch noch die „Fremdenindustrie" sich beeinträchtigt fühlen, da der Fluß soviel an Wasser verlor. Kurz, die Zahl derjenigen, die sich durch ein großes Wasserkraftwerk geschädigt fühlen, ist erheblich und da gewährt es denn ein wenig Trost, daß die Talsperren neue Freunde in den Fischern sich gewonnen haben, da gewöhnlich nach einigen Jahren ein beachtenswerter Fischreichtum sich zeigt.

Talsperren sind in unserem stark besiedelten Vaterlande im allgemeinen nur dann möglich, wenn sie zum Abfangen gefährlicher Hochwasser dienen und dadurch unermeßlichen Schaden verhüten. Dadurch werden sie wirtschaftlich und selbstverständlich ist es, daß man sie dann für Wasserkraftanlagen ausnutzt. Auch wenn Talsperren zur Speisung von Kanälen dienen oder Bewässerungszwecken, ist immer billige Gelegenheit gegeben, die Wasserkraft auszunutzen. Talsperren lediglich zum

Zwecke des Wasserausgleiches für Kraftanlagen sind in unserem Lande von vornherein unwirtschaftlich. Die durch die Anlagen zerstörten Werte sind bei der hohen Kultur des Landes in der Regel größer als der Wert der Kraftgewinnung. In unfruchtbaren Felsenländern dagegen kann eine Talsperre lediglich für Kraftausnutzung sehr billig werden, z. B. die im nächsten Kapitel erwähnte Talsperre von Noguera Pallaresa in den Pyrenäen, bei der es sich außerdem als wirtschaftlich herausstellte, die Zementfabrik nur zur Herstellung des für die Sperrmauer benutzten Zements an Ort und Stelle anzulegen.

Um Vergleichswerte für die Herstellungskosten zu gewinnen, pflegt man die gesamten Anlagekosten einer Kraftanlage durch die Pferdekräfte oder Kilowatt, die die Maschinen leisten können, zu teilen. Man kann schon auf Grund der vorstehenden Schilderung annehmen, daß für diesen Vergleichswert eine bunte Vielgestaltigkeit sich ergeben muß, die die Vergleiche in ihrem Wert erheblich einschränkt, abgesehen davon, daß ein Rückschluß auf die Wirtschaftlichkeit, wie immer wieder betont werden muß, erst möglich wird, wenn die Beaufschlagungs- sowohl wie die Belastungsgrade der Kraftwerke gleichzeitig angegeben werden. Abgesehen von den Bauten für den Ausgleich des Kraftwassers spielt für die Herstellungskosten einer Pferdestärke die ausschlaggebende Rolle das Verhältnis von Wassermenge zur Fallhöhe. Denn die Kosten für die Wehre, Kanäle, Rohrleitungen, Maschinen wachsen mit ihrem Ausmaß und dieses wächst mit der Menge des in der Zeiteinheit zu verarbeitenden Wassers. Je höher dabei die Fallhöhe desto wertvoller wird das verarbeitete Wasser, desto mehr Pferdekräfte leitet der Kanal oder die Rohrleitung, ohne daß durch die Fallhöhe die Kosten nennenswert sich vermehren. Je kleiner die Fallhöhe, desto größer wird die einer Pferdekraft entsprechende Wassermenge — mit abnehmendem Gefälle müssen also die Gestehungskosten für 1 PS rasch zunehmen.

Im übrigen zeigt sich auch bei Wasserkraftanlagen, das scheinbar allgemein gültige Gesetz, daß die Leistungseinheit um so billiger wird, je größer das Kraftwerk, ein Grund dafür, daß die Kraftwerke in immer größeren Abmessungen geplant und gebaut werden müssen.

Diese Verhältnisse spiegeln sich auch in der folgenden Zusammenstellung (Tafel 2) wieder, die ein ungefähres Bild für die Ausbaukosten der Leistungseinheit geben. Die Zusammenstellung läßt die Beaufschlagsziffer nicht erkennen und ebensowenig, welcher Kostenanteil auf die Bauten entfiel, die zum Ausgleich des Kraftwassers nötig werden.

Tafel 2. Kosten von Wasserkräften.[1]

	Kleine Leistungen				Mittlere Leistungen				Große Leistungen							
	Mäßige Relativgefälle, kleine absolute Gefälle				Günstige Relativgefälle, mittlere absolute Gefälle, Ausnützung verschieden großer Wassermengen				Mäßige Relativgefälle, Konzentrierung des Gefälles				Sehr günstige Relativgefälle, große absolute Gefälle			
									a) mittels Kanales		b) durch Aufstauen i. Flusse selbst					
	Saale bei Dorndorf		Amper bei Dachau		Mangfall bei Darching		Mangfall bei Rosenheim		Kl. Rhein bei Straßburg		Isar bei Landshut		Sill bei Matrei		Wattenbach bei Wattens	
Gefälle	1,5 m		2 m		3 m		3,4 m		4,8 m		3,5 m		80 m		300 m	
Sekundl. Wassermenge	16 cbm		12 cbm		8 cbm		16 cbm		85 cbm		120 cbm		7,5 cbm		3 cbm	
Leistung	205 P.S.		240 P.S.		240 P.S.		540 P.S.		4000 P.S.		4000 P.S.		6000 P.S.		9000 P.S.	
	im ganz. Mk.	für 1(PS) Mk.	im ganz. Mk.	für 1(PS) Mk.	im ganz. Mk.	für 1(PS) Mk.	im ganz. Mk.	für 1(PS) Mk.	im ganzen Mk.	für 1(PS) Mk.	im ganzen Mk.	für 1(PS) Mk.	im ganzen Mk.	für 1(PS) Mk.	im ganzen Mk.	für 1(PS) Mk.
1. Vorarbeiten, Wasserrechte, Grunderwerb, ausschl. der vorhandenen Bauten	24000	100	18000	75	16000	67	30000	55	80000	20	60000	15	30000	5	80000	9
2. Wehr- und Kanalanlage einschl. Rechen, Schützen, Behälter, Druckleitungen, Wege u. Zufahrtstraßen u. einschließlich der vorhandenen Bauten	100000	460	90000	375	80000	333	150000	280	1200000	300	500000	125	850000	141	1200000	134
3. Turbinenanlage, Turbinenhaus mit Laufkran, Turbinen mit Regulatoren, Werkstatteinrichtung usw.	106000	440	84000	350	60000	250	100000	185	420000	105	740000	185	320000	54	340000	37
Gesamtbausumme	230000	1000	192000	800	156000	650	280000	520	1700000	425	1300000	325	1200000	200	1620000	180

[1] Nach v. Miller Z. d. V. deutsch. Ing. 1903 S. 1006

18 B. Wert der Wasserkraft

Wir dürfen annehmen, daß bei den außerordentlich kleinen Ziffern namentlich der letzten Spalte die angezogenen Werke von Haus aus besonders gleichmäßigen Wasserzufluß hatten oder daß keine Mittel zur Erzielung einer besonders gleichmäßigen Wasserzufuhr aufgewandt sind. Diese Annahme wird bestätigt, wenn wir den Voranschlag verschiedener Ausbauvorschläge des Walchenseekraftwerkes (Tafel 3) heranziehen, bei dem ein besonders großer Wert auf gleichmäßiges Kraftwasser auch gelegt werden konnte, weil der Walchensee ein ideales Ausgleichbecken darstellt.[1])

1) Das Walchenseekraftwerk, eine Großtat, verdanken wir der Tatkraft O. v. Millers.

Tafel 3. Kosten bayr. Großkraftwerke.

1 Ausbaustufe	2 Größte Absenkung des Walchensees unter + 801,90	3 Mittlerer Spiegel des Walchensees m über Meer	4 Mittleres Rohgefälle	5 Gefällverlust vom Walchensee an m	6 Mittleres Nutzgefälle	7 Kraftwasser cbm s	8 Hydraulische Nutzleistung PS	9 Eingerichtete Turbinennutzleistung für Spitzenbelastung PS	10 Mittlere Nutzleistung des Obernachtkraftwerkes	11 Gesamte hydraul. Nutzleistung auf der Turbinenwelle PS	12 Gesamte elektrische Nutzleistung an der Schalttafel	13 Baukosten Millionen M — ohne die elektr. Einrichtung	14 Baukosten Millionen M — die elektrische Einrichtung allein	15 Baukosten Millionen M — im Ganzen	16 Baukosten für 1 PS M — der hydraulischen Nutzleistung	17 Baukosten für 1 PS M — der elektrischen Nutzleistung
I.	3,50	800,5	196,75	3,80	192,95 etwa 192,0	11,75	23600	8·9500 = 76000	—	23600	21700	10,95	3,46	14,41	464	665
II.	6,50	—	—	—	—	14,50	29000	10·9500 = 95000	—	29000	26700	—	—	—	—	—
III.	5,25	799,9	196,15	3,65	192,9	18,6	37400	12·9500 = 114000	—	37400	34400	14,85	5,13	19,48	398	581
IV.	12,23	796,4	192,65	4,65	188,0	26,0	50800	16·9500 = 152000	3420	54220	48800	24,58	7,19	31,77	454	638
IVa.	12,8	—	—	—	—	—	50800	16·9500 = 152000	—	50800	46600	19,62	6,82	26,44	387	567

3. Gestehungskosten der ausgebauten Pferdekraft

In den Walchensee soll die Isar geleitet werden und aus dem Walchensee in den benachbarten etwa 200 m tiefer liegenden Kochelsee abgelassen werden. Ein zur Erlangung guter Lösungen ausgeschriebener Wettbewerb zeitigte viele bemerkenswerte Vorschläge, von denen einer die hier angeführte Kostenzusammenstellung brachte. In der Spalte 16 sind die Kosten für 1 PS auf rund 400 $\mathcal{M}$ geschätzt, also doppelt so hoch, als die der letzten Spalte der Tafel 2.

In der Spalte 10 Tafel 3 ist die Rede von dem Obernachkraftwerk. Dieses sollte das Wasser der Obernach, eines Flüßchens, das in den Walchensee fließt, ausnutzen. Zu diesem Zwecke war eine Talsperre, die die Obernach aufstauen soll, vorgesehen. Das Kraftwerk liefert 3420 PS bzw. 3140 elektrische PS und verursacht dafür einen Mehrkostenaufwand von 5,33 Millionen Mark, wie aus dem Vergleich zwischen den Angaben für die Ausbaustufen IV—IVa hervorgeht. Die letzte Ausbaustufe IVa verzichtet auf das Obernachkraftwerk. Die Einheitskosten stellten sich also bei dem Talsperrenbau auf 1740 $\mathcal{M}$ für jede PS, d. s. mehr als dreimal soviel wie in der Spalte 16. Einige weitere Zahlen gibt die Zusammenstellung (Tafel 4) die aus dem Werke von Ludin über „Die Wasserkräfte" zusammengestellt ist.[1])

Die Tafel 4 zeigt deutlich, daß die Anlagekosten für die Pferdekrafteinheit im allgemeinen mit der wachsenden Fallhöhe stark sinken, bis diese anfängt außergewöhnlich groß zu werden. Bei annähernd gleicher Fallhöhe werden die Anlagekosten für die Pferdekrafteinheit immer kleiner je größer die Leistung ist. Die kleinen Werke sind also die teuersten, namentlich wenn noch dazu die Fallhöhe klein ist. Die beiden Talsperrenbeispiele zeigen, daß Talsperren als Kraftgewinnungsanlage kaum wettbewerbfähig werden weder bei großer Leistung noch bei großer Fallhöhe.

Die angeführten Zahlen sind sämtlich Friedenszahlen, haben also heute nur Vergleichswert.

Inzwischen sind trotz der schwierigsten Zeiten bayerische Großkraftwerke in Angriff genommen worden. Die Kostenzahlen dieser ermöglichen eine Umrechnung der früheren Ziffern auch auf die heutigen Verhältnisse, wenn man annimmt, daß der Tiefstand der Mark im Wesentlichen erreicht ist und die Schwankungen der Kaufkraft des Geldes nicht mehr allzu beträchtlich sein werden.

Das Walchenseekraftwerk wurde im Dezember 1918 begonnen, und

---
[1] Berlin, J. Springer 1919. 2 Bde. Bd. 2 Seite 1367.

B. Wert der Wasserkraft

Tafel 4.

Ort	Nutzbare Fallhöhe m	Normalleistung (betriebsplanmäßige Höchstleistung) PS	Anlagekosten bis einschließlich Schalttafel	
			Gesamt ℳ	ℳ/PS
Untertürkheim (Neckar)	2,75	723	896 000	1237
Blankenstein (Ruhr)	2,95	1 640	820 000	500
Langweid (Lech)	7	6 000	2 478 000	413,5
Chèvres (Genf) (Rhône)	8,2	17 000	5 966 600	352,1
Markliffa (Queiß) (Talsperre)	30	3 700	4 057 400	1097,2
Mauer (Bober) (Talsperre)	58,7—26	6 000	9 233 400	1537,6
Töllwerke Meran (Etsch)	70	11 000	1 755 000	160,2
Schnalstalwerke bei Meran	310	16 000	2 184 000	136
Bellinzona	345	2 700	864 000	322
Brusiowerke Graubünden	400	35 000	6 371 000	182,5
Douvry Tanay-See	920—900	6 000	1 280 000	214

wird im Jahre 1923 in Betrieb genommen werden. Es wird für eine Spitzenleistung von 120 000 PS und eine Jahresleistung von 250 Mill. PSSt. ausgebaut. Die Anlagekosten berechnen sich auf 250 Mill. ℳ. Ein zweites Großkraftwerk nutzt die Isar unterhalb Münchens aus. Dieses Kraftwerk, Mittlere Isar geheißen, wird für eine Maschinenleistung von 140 000 PS ausgebaut. Im Jahresdurchschnitt werden nur 75 000 PS geleistet und damit jährlich rund 600 Mill. PSSt. gewonnen.

Der Geldbedarf ist auf Grund der Preisverhältnisse von 1921 auf 600 Mill. ℳ veranschlagt.

4. Gestehungskosten der Kilowattstunde bei Wasserkraftwerken

Durch einfache Rechnung ergäbe sich also der Preis für die ausgebaute Pferdestärke bei dem Walchenseekraftwerk zu $\frac{250\,000\,000}{120\,000}$ = ~ 2000 $\mathscr{M}$, bei der Mittleren Isar, zu $\frac{600\,000\,000}{140\,000} = 4300\ \mathscr{M}$. Diese Zahlen besagen für die Beurteilung der Wirtschaftlichkeit indessen nichts, weil sie sich nicht auf die Durchschnittspferdestärke beziehen, die erst Einblick in die Wirtschaftlichkeit gewährt, da sie den Herstellungspreis für eine KwSt. zu überschlagen gestattet.

4. Gestehungskosten der Kilowattstunde bei Wasserkraftwerken.

Wie hoch stellen sich nun nach obigen amtlichen Ziffern heute die Ausbaukosten für eine Durchschnitts-PS und die Herstellungskosten für 1 KwSt.?

Um die 250 Mill. PSSt. im Walchenseekraftwerke zu erzeugen, müssen bei 24 Stundenbetrieb, das Jahr zu 8800 Stunden gerechnet, 28500 PS, bei täglich 12 stündiger Arbeitszeit 57 000 PS dauernd arbeiten. Da das Walchenseekraftwerk in der Lage ist, das zufließende Wasser des Nachts im See aufzuspeichern, und damit die gesamte Energie, also die im Jahr verfügbaren 250 Mill. PSSt., als teuren Tagesstrom abzugeben, so ist mit 57 000 PS als Durchschnitt zu rechnen, so daß ein solches PS auszubauen

$$\frac{250\ \text{Mill.}}{57\,000\ \text{PS}} = 4400\ \mathscr{M}$$

kostet, also etwa das Zehnfache des Kostenanschlags nach Friedenspreis. Die Mittlere Isar hat nicht solche Speicher zur Verfügung. Die 75 000 PS Durchschnittsleistung ergeben die angegebenen 600 Mill. PSSt. bei rund 24 stündigem Dauerbetrieb. Gibt man also die Ausbaukosten mit $\frac{600\ \text{Mill.}}{75\,000\ \text{PS}} = 8000\ \mathscr{M}/\text{PS}$ an, so ist diese Zahl nicht ohne weiteres mit der für das Walchenseekraftwerk gefundenen zu vergleichen, vielmehr müßte die Durchschnittsleistung verringert werden. Nimmt man an, es sei die Hälfte des nachts zufließenden Wassers aufspeicherbar, so würden für Tagesstrom durchschnittlich

$$\frac{75\,000 \times 1{,}5}{2} = 56\,000\ \text{PS}$$

zur Verfügung stehen. Eine solche PS kostet demnach 10 600 $\mathscr{M}$.

Das Walchenseekraftwerk gibt für 1 PS den Preis von 4400 $\mathscr{M}$. Wie teuer wird damit die Kraft? Wir dürfen annehmen, daß die

Verwaltungs- und Betriebskosten bei der geringen Anzahl von Beamten, Maschinen und Bedienungsmannschaft 1 % nicht überschreiten. Dann sind des weiteren nur noch die Tilgungsziffern und die Zinsen für das Anlagekapital einzusetzen. Setzen wir diese mit 5, jene mit 2 % ein, so kostet die Unterhaltung für 1 PS jährlich 372 $\mathscr{M}$. Bei 12 stündigem Tagesbetrieb erzeugt 1 PS $360 \times 12 \times 0{,}736 \times 0{,}9$ = 2900 Kw St. im Jahr. Also kostet die Erzeugung von 1 Kw St.

$$\frac{372}{2900} = 0{,}128 \, \mathscr{M}/\text{Kw St.}$$

Das muß für heute als ganz außerordentlich billig gelten. Etwas ungünstiger steht das andere Großkraftwerk Bayerns da. Das Tagespferd kostet bei der Mittleren Isar 10 600 $\mathscr{M}$. Da die Verwaltungs- und Bedienungskosten nicht viel höher sein werden als bei dem Walchenseekraftwerk, müssen wir auf die Ausbaukosten bezogen mit einem geringeren Anteil rechnen, etwa mit $1/2$ %. Verzinsung uud Amortisation mit 7 % eingesetzt ergibt die Erzeugungskosten für 1 Kw St. Tagesstrom mit 0,28 $\mathscr{M}$.

Von den gesamten Kosten einer Kilowattstunde machen die Zinsen bei dem Kraftwerk der M. J. also 67 % aus! Das ist wegen der außerordentlichen Größe des Werkes, die die Pferdekraftausbaukosten verhältnismäßig niedrig macht, noch günstig, oft machen die Zinsen mehr und gar nicht selten 80 % der Gestehungskosten für 1 Kilowattstunde aus.

Wenn bei Wasserkraftanlagen der Wasserzufluß vollständig aussetzt, oder allzu tief unter die Durchschnittsleistung fällt, wie das im Winter bei Eisgang der Fall sein kann, ist man gezwungen, Dampfkraftanlagen als Hilfe auszubauen, weil man mit Kunden, die jeden Tag Strom brauchen, keine Verträge abschließen kann, wenn man sie auch nur einige Tage im Stich läßt. Diese Wärmekraftaushilfen sind ebenfalls auf Kosten der Unregelmäßigkeit im Wasserzufluß zu setzen.

Diese Wärmekraftanlagen sind so billig wie möglich zu bauen, damit sie die Zinsenlast der Gesamtanlage nicht ungeziemend vermehren. Der Kohlenverbrauch spielt keine Rolle, da die Dampfmaschinen nur wenige Tage im Jahre im Betrieb sind. Da die Wärmekraftaushilfe indessen von ähnlicher Stärke sein muß, wie die Wasserkraftmaschinen, so läßt sich ermessen, wie erheblich in unseren Breiten die Ausbaukosten für 1 PS steigen und der Wert einer Wasserkraft sinkt, wenn natürliche Aushilfsmöglichkeiten in Gestalt von Seen nicht zur Verfügung stehen.

Die Zinsenlast, die auf 1 KwSt. entfällt, wird im wesentlichen durch

4. Gestehungskosten der Kilowattstunde bei Wasserkraftwerken 23

den Beaufschlagungsgrad und den früher erklärten Belastungsgrad des Wasserwerkes gegeben sein.

Der Beaufschlagungsgrad darf nicht mit dem Belastungsgrad verwechselt werden. Diese beiden Begriffe verhalten sich vielmehr wie Angebot und Nachfrage. Der Beaufschlagungsgrad entspricht dem Angebot, der Belastungsgrad wird durch die Nachfrage, den Strombedarf bestimmt. Der Beaufschlagungsgrad muß für jeden Zeitpunkt dem Belastungsgrad gleich gemacht werden. Das ist eine häufig recht schwierige Aufgabe, denn

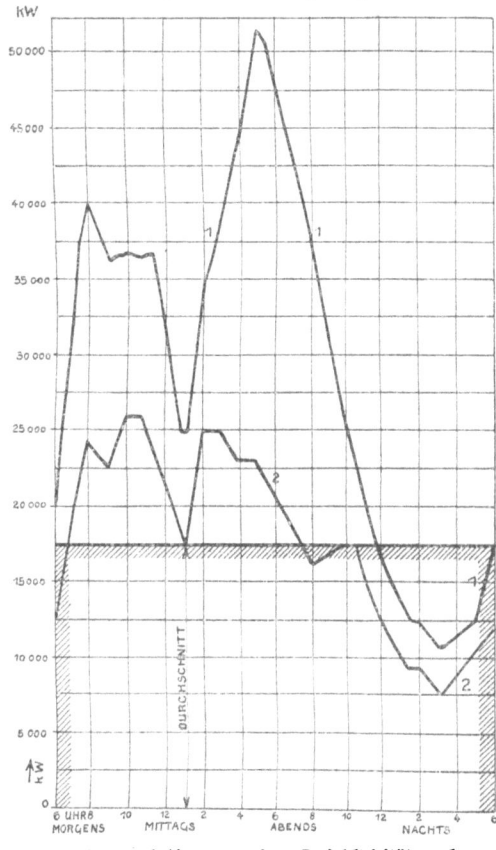

Abb. 2. Verbrauchsdiagramm eines Großelektrizitätswerkes.

der Strombedarf schwankt nach Stunden, Tagen und Jahreszeiten ganz beträchtlich. Das Schwanken des Bedarfs muß deshalb genau untersucht werden und wird bei ordentlich geführten Betrieben genau gebucht; graphisch wie das üblich ist in der Technik, indem auf einem Millimeterpapier nach der einen Richtung der Kilowattverbrauch, nach der anderen die Zeit, sei es in Stunden, Tagen oder Monaten aufgetragen wird. Ein solches Verbrauchsdiagramm zeigt z. B. die Abb. 2, die die

Lieferung eines Großkraftwerkes darstellt. Die niedrigere Linie 2 stellt den Bedarf der einzelnen Stunden eines Tages im Juni, die höhere Linie 1 den entsprechenden Bedarf im Dezember dar. Der Inhalt der Flächen, wie er z. B. für die Junikurve schraffiert ist, stellt den Gesamtverbrauch in Kilowattstunden für den Tag dar. Er ist gleich der eingezeichneten Rechteckfläche, deren Höhe also die Durchschnittsbelastung darstellt, d. i. diejenige Belastung, die den Gesamtkonsum eines Tages bei völlig gleicher Belastung bewältigen würde. Die über diese gleichmäßige Belastung hinausgehenden Berge nennt man „Spitzen" und die entsprechenden maximalen Belastungen „Spitzenbelastung". Ein Kraftwerk muß so leistungsfähige Maschinen haben, daß sie die Spitzenbelastung übernehmen können. Wie man sieht, müßte die Maschinenanlage mindestens mit 26500 Kw im Juni und mit mindestens 52500 Kw im Dezember belastbar sein. Durchschnittlich wird sie im Juni mit 17500 Kw und im Dezember mit 30000 Kw belastet. Der Belastungsgrad ist also an dem Junitag $\frac{175}{525} = 0{,}33$, an dem Dezembertag $\frac{300}{525} = 0{,}575$, auf das Jahr kann die durchschnittliche Belastung auf 22000 K.w geschätzt werden, so daß der Belastungsgrad auf das Jahr bezogen $\frac{220}{525} = 0{,}425$ wird. Man erkennt leicht, wie dieser Belastungsgrad genau so wie der Beaufschlagungsgrad die Verzinsung der Anlage beeinflussen muß, denn das Anlagekapital und die Zinsenausgabe ist allemal der Spitzenleistung, die Einnahme der Durchschnittsleistung proportional.

Man versucht einen Ausgleich zu schaffen, indem man z. B. die Tarife für den Strombezug so abstuft, daß die Spitzen tunlichst klein werden. Also z. B. wird im allgemeinen der Lichtstrom teurer zu bezahlen sein, als der Kraftstrom und diesen wiederum wird man am liebsten und billigsten abgeben, solange es hell ist. Das ist aber ein Notbehelf. Man wird vielmehr nach solchen Industrien suchen müssen, die gleichmäßige Stromabnehmer sind und ferner solche Stromversorgungsgebiete zusammenschließen, deren Kurven die Spitzen zu verschiedenen Zeiten aufweisen, so daß die resultierende Kurve vergleichmäßigt wird. Ideale Abnehmer sind in der Beziehung die chemischen Fabriken, die Tag und Nacht gleichmäßigen Strom in großen Mengen nötig haben und sich in manchen Zweigen leicht nach Jahreszeiten schwankender Stromerzeugung anpassen können. Bei Flußgefälleaus-

4. Gestehungskosten der Kilowattstunde bei Wasserkraftwerken

nutzung ist die Stromerzeugung nach Jahreszeiten stark schwankend, zumal in Zeiten des Hochwassers das Gefälle in der Regel stark reduziert ist. Die chemische Industrie, z. B. Aluminium und Stickstoffgewinnung ist aber so anpassungsfähig, daß sie sogar Hochwasser ohne Schwierigkeit würde verarbeiten können. Großverbraucher elektrischen Stromes sind die zukünftigen elektrisch betriebenen Eisenbahnen. Diese haben allerdings mit besonders großen Spitzenbelastungen zu rechnen, aber geben den willkommenen Nachtbedarf, namentlich wenn durchgeführt würde, daß die Güterbeförderung nur des Nachts sich abspielt. Wenn diese Spitzenbelastungen auf andere Zeiten fallen, als die der jetzigen Licht- und Kraftwerke, so wird es vorteilhaft werden, die Eisenbahnkraftwerke mit den anderen an ein gemeinsames Stromnetz zusammenzuschließen. Es wird in dem Maße die Wirtschaftlichkeit für beide Kraftwerke sich erhöhen, in dem der Belastungsfaktor günstiger geworden ist. New York hat zum Beispiel drei große getrennte Elektrizitätsnetze und zwar eines für Licht und Kraft, eines für Straßen- und Stadtbahn, eines für Vollbahnen. Die Spitzen der täglichen Verbrauchskurven sind zeitlich derart verschoben, daß bei Zusammenlegung der Betriebe, deren Spitzensumme, also Gesamtleistung zur betrachteten Zeit 678 000 Kw sein muß, die maximale Leistung um 47 420 Kw geringer sein könnte. Ferner ergebe ein Zusammenschluß eine jährliche Ersparnis von 80 Mill. $\mathcal{M}$ an Brennstoffkosten und 4 Mill. $\mathcal{M}$ an Betriebskosten, lediglich eine Folge des verbesserten Belastungsgrades.

Man sieht, wie großen Einfluß der Belastungsgrad auf die Wirtschaftlichkeit übt. Meist hat man aber mit einem gegebenen Belastungsdiagramm zu tun und die für den Unternehmer wichtigste Frage ist alsdann die, wie Spitzenbelastungen durchgehalten werden sollen. Dabei wird es sehr wesentlich, ob die Spitzenleistung für Stunden oder nur Minuten verlangt wird. Denn immer muß die Kraftquelle für die Spitzenleistung bemessen werden. Ist die Kraftquelle Dampf, so muß die nötige Anzahl (bei einem Belastungsfaktor $1/3$ des Werkes also 3 mal so viel wie für die Durchschnittsbelastung vonnöten) Dampfkessel ständig unter Dampf gehalten werden, wenn die Zeitspanne von Spitze zu Spitze nicht merklich größer ist, als die Anheizzeit. Man erkennt, wie in beiden Fällen, sei es zum periodischen Anheizen oder zum Durchhalten der Kesselspannung, erkleckliche Kohlenmenge verbraucht werden müssen ohne Nutzleistung.

Es scheint da eine beträchtliche Unterlegenheit der Dampfkraft=
werke gegenüber der Wasserkraftanlage sich zu offenbaren, wenn eben
nur die Wasserkraft überhaupt die Spitzenleistung hergeben kann.
Da die Fallhöhen nicht merklich verändert werden können, müßte die
sekundliche Wassermenge, die den Turbinen zufließt, der Spitzenbe=
lastung anpaßbar sein. Das kann sie nur, wenn ein Sammelbehälter
zur Verfügung steht oder gestellt wird. Man wird den zu erwartenden
Spitzenbelastungen entsprechend die Wasserbecken vorsehen, hochgelegene
Teiche anlegen oder hochgelegene Seen als Wasservorratsbehälter heran=
anziehen. Außer einem Speicherweiher muß in der Regel noch ein
zweiter Ausgleichweiher, der Gegenweiher angelegt werden, dann,
wenn die Unterlieger Anspruch auf gleichmäßige Wasserzufuhr haben.
Talsperren gestatten ebenfalls die Entnahme von größeren Wasser=
mengen für kurze Zeiten, wie sie für Spitzenleistungen erforderlich
sind. Freilich müssen die Zuführungswege von dem Ausgleichbehälter
bis zu den Turbinen für die Spitzenleistungen genügend groß her=
gestellt werden, und die Maschinen selbst für die Spitzenleistung be=
messen. Das verteuert natürlich die Anlage und wir haben den ent=
sprechenden Zinsverlust gebührend zu berücksichtigen. Es bleibt aber
zugunsten der Wasserkraftanlagen der Vorteil, daß eine Erhöhung
der Betriebskosten wie bei Kohlenkraftwerken nicht eintritt und
die erhöhte Zinsbelastung ist bei diesen ja ebenfalls vorhanden.

Wenn die Aushilfe bei Wassermangel durch Wärmekraft erfolgt,
erscheint es zweckmäßig, diese Wärmekraftanlage für die Tage der
Wasserknappheit für die Grundbelastung heranzuziehen, die Spitzen=
belastung aber der Wasserkraft zu überlassen. Die Reservekraftma=
schine wird damit von geringster Leistung und also in der Anlage
am billigsten; die Zinsen also ein Minimum. Da die Wärmekraft nur
wenige Tage im Jahre in Betrieb ist, spielt der Brennmaterialver=
brauch eine geringe Rolle. Wesentlich ist, daß der Zinsaufwand in
kleinsten Grenzen gehalten wird.

Zu den Herstellungskosten einer Kw=Stunde sind auch die Leitungs=
kosten für den Strom zu rechnen, die, sobald es sich um Übertragung
auf weitere Entfernung handelt, keineswegs vernachlässigt werden
dürfen. Sie bestehen in den Stromverlusten und in der Verzinsung für
das Netz.

Die Stromverluste sind umso kleiner, je höher die Spannung ge=
trieben wird. Wie die Leistung eines Wasserfalles durch die sekund=

4. Gestehungskosten der Kilowattstunde bei Wasserkraftwerken

lich abströmende Wassermenge und die Fallhöhe bestimmt ist, so daß das Produkt beider, wie wir sahen, die Leistung in Meterkilogramm für die Sekunde darstellt, ist die elektrische Leistung gegeben durch die sekundliche Strommenge und die Spannung. Die Strommenge wird durch Ampere, die Spannung durch Volt gemessen, deren Produkt, die Leistung wie wir schon sahen durch Watt. Wasserenergie wird durch Rohrleitungen, elektrische Energie durch Metalldrähte geleitet. Zu einer bestimmten Leistung gehören umso geringere Wasser= oder Strommengen, je größer der Druck oder die Spannung ist. Je kleiner aber die Mengen, desto kleiner können die Rohrleitungs= oder Drahtquerschnitte werden, desto billiger wird die Leitung für gleiche Leistung, sei es elektrische oder Wasserleistung. Je kleiner die Mengen, desto kleiner auf jedes Meter Leitungslänge auch die Verluste, die dem durchfließenden Strom proportional sind. Also sucht man die Spannung um so höher zu treiben, je weiter man den Strom zu schicken gedenkt. Mit 100000 Volt scheint eine vernünftige Grenze erreicht und die wirtschaftliche Reichweite kommt damit auf etwa 150—200 km. Größere Entfernungen setzen noch höhere Spannungen voraus, die indessen nicht mehr ganz sicher beherrscht werden können, weil die Ausstrahlungsverluste unerträglich groß werden. Hochgespannte Elektrizität strahlt einfach aus, ähnlich wie allzu hochgespanntes Gas aus den Poren der Rohrleitung ausblasen würde. Man könnte indessen, wie man die Poren dichtet, die elektrische Leitung vor Ausstrahlung schützen durch Umhüllung mit Isolierstoffen. Abgesehen von den hohen Kosten tritt damit ein anderer Übelstand auf, der kurz berührt sei. Der Leser weiß, daß man zwei Arten elektrischen Stromes unterscheidet: Gleichstrom und Wechselstrom. Der erste ist einem stetig in gleicher Richtung dahinströmenden Fluß zu vergleichen, der zweite einem hin und her pulsierenden, in bestimmten Zeitabschnitten in der häufigsten Anwendung 50mal in jeder Sekunde seine Richtung umwechselnden Strom. Man kann den Wechselstrom durch eine Wassersäule darstellen, die in einem ⊔=Rohr hin und her pendelt. Bald ist der höchste Druck in dem einen Schenkel, bald in dem anderen. Die Schwingung kann jedoch erst einsetzen, nachdem die Spannung auf der einen Seite genügend hoch getrieben ist, daß sie die Widerstände beim Pendeln überwindet. Es ist klar, daß diese Widerstände mit dem Inhalt der Röhre, also auch der Länge, und der Schnelligkeit der Wechsel wachsen müssen. Bei Inbetriebnahme der Leitung muß also zunächst die der Schwingung innewohnende Energie hineingepreßt werden — die Leitung muß geladen werden sonst kann die zur Übertragung der Energie nötige Pendelung nicht entstehen. Bei hoher Spannung und großen Leitungslängen wird diese zum Aufladen der Leitung erforderliche Energie — der Ladestrom — so groß, daß zu ihrer Bewältigung größere Maschinen erforderlich werden, als sie für die Erzeugung der der Leitung zu entnehmenden Energie notwendig wären. Für Kabel, d. h. mit Isolation umhüllte Leitungsdrähte die geringere Ausstrahlverluste haben, wird der Ladestrom noch größer. Die Maschinen würden damit beginnen sehr schlecht ausgenutzt zu werden, denn die Ladezeit ist sehr klein gegenüber der Betriebszeit, die technische Grenze der Wirtschaftlichkeit ist erreicht. Da sich große Spannungen nur bei Wechselstrom auf genügend einfache Weise erzielen lassen, ist bei Kraftübertragungen auf größere Entfernungen vorderhand nur Wechselstrom üblich und deren Reichweite ist aus den geschilderten Gründen heute etwa 200 km, wenngleich die Pacific Light & Power Co. bis zu 30 000 Kw auf 835 km überträgt. Die größte ausgeführte Spannung beträgt 150 000 Volt. Die Verluste sollten nicht mehr als 10—15 % betragen, sind aber häufig viel größer.

Für die Verzinsung des Kraftnetzes haben wir wieder den gleichen Zusammenhang wie für das Kraftwerk selbst. Die Zinsenlast, die auf 1 KwSt. entfällt, wird umso kleiner, je besser der Belastungsgrad des Netzes, je mehr sich die durchschnittliche Netzbelastung der höchstzulässigen nähert.

Wenn man den Belastungsgrad kennt, die Anlagekosten für jedes km des Stromnetzes außerdem, so läßt sich sagen, wie weit man für 1 ℳ 1 KwSt. verschicken kann. Um dann entscheiden zu können, ob es für eine weder ganz nahe an einer Wasserkraft noch ganz nahe an einer Kohlengrube liegende Stadt billiger ist, den elektrischen Strom von der Wasserkraft zu beziehen, oder die Kohlen kommen zu lassen und ein eigenes Wärmekraftwerk zu errichten, muß man wissen, wie teuer sich die Beförderung der für 1 KwSt. nötigen Kohlenmenge stellt. Vor dem Kriege konnte man die einer KwSt. entsprechenden Braunkohlenmengen für 1 ℳ 60 km weit befördern. Da Steinkohle ein bedeutend hochwertigerer Brennstoff ist, ist deren Reichweite noch erheblich größer, etwa 200 km. Auf diese Entfernung 1 KwSt. zu verschicken kostet auch bei dem bestdenkbaren Belastungsgrad mehr

4. Gestehungskosten der Kilowattstunde bei Wasserkraftwerken

als 1 ₰. Die Reichweite eines Kohlenlagers ist also trotz der großartigen elektrischen Fernübertragung erheblich größer als die einer Wasserkraft.

Mit den Anlagekosten für Kraftwerk und Verteilungsnetz läßt sich die Zinsenlast insgesamt und mit dem Belastungsgrad für die abgegebene Kilowattstunde berechnen. Die Vielgestaltigkeit der Voraussetzungen bringt es mit sich, daß kaum ein Wasserkraftwerk dem anderen gleicht, vor allem aber auch bei Wesensgleichheit die Herstellungskosten für 1 KwSt. sehr verschieden ausfallen können, wenn eben der Belastungsgrad sehr verschieden ist. Brauchbare Ziffern für den Herstellungspreis 1 KwSt. sind demgemäß schwer zu finden. Vor allem muß man sich hüten, die bekanntgewordenen Gestehungspreise bestehender Kraftwerke neu zu erbauenden zugrunde zu legen, es sei denn, daß man jeden einzelnen Faktor genau durchzuprüfen in der Lage ist. Daß wenig verläßliche Ziffern für den wirklichen Gestehungspreis bestehender Werke vorliegen, hat auch zum Teil einen Grund in der unnützen und schädlichen Geheimnistuerei, die solche Ziffern als Geschäftsgeheimnis betrachtet. Einen ungefähren Anhalt, was man mit Wasserkraft schaffen kann, mag man aus folgender Zusammenstellung (Tafel 5)[1]) der Tarife schweizerischer Wasserkraft-Elektrizitätswerke entnehmen.

Der billigste Satz für 1 Jahrespferd ist danach 112 ℳ. Da 0,736 Kw = 1 PS, kostet 1 Jahreskilowatt,

$$\frac{112}{0,736} = 152 \text{ ℳ} \text{ und } 1 \text{ KwSt.} = \frac{112}{0,736 \times 3000} = 5,1 \text{ ₰}.$$

das Jahr zu 3000 Stunden gerechnet. Die Zusammenstellung ist älteren Datums. Im Jahre 1917 war in der Schweiz nach einer bedeutenden Bautätigkeit, wie sie der Krieg angeregt hatte, ein Strompreis von 2,5 ₰/K.wSt. häufig anzutreffen. Solchen billigen Preis zu gewähren, würde unseren Wasserkraftwerken unmöglich sein, es sei denn, man baute den Oberrhein, der uns nicht mehr gehört, oder die Donau großzügig aus, sodaß Kraftwerke von 100 000 und mehr PS entstünden. Könnte man mit 24 stündiger Betriebszeit rechnen und außerdem die Kosten, wie sie für Schiffahrtszwecke ohnehin erforderlich werden, unberücksichtigt lassen, so käme man auch

---

[1]) Dem Buche Mattern „Die Ausnutzung der Wasserkräfte" entnommen.

B. Wert der Wasserkraft

Tafel 5.

Tarife schweizerischer Wasserkraft=Elektrizitätswerke.

Elektrizitätswerk	Gesamt=leistung PS	Preis d. Jahrespferdekraft f. 3000 Std. und eine Motorengröße von:			
		1 PS	10 PS	50 PS	100 PS
		Mark			
Ville de Genève....	19000	320	214	138	112
Rheinfelden......	18500	166	157	142	133
Beznau	9300	172	157	135	128
Hauterive	7200	200	157	140	145
Lausanne.......	6440	320	224	172	172
Kanderwerk......	9000	196	168	—	—
Montbovon=Romont ..	5400	200	157	—	145
Hagueck	5200	168	140	—	116
Thusis........	3820	200	160	135	—
Olten=Aarbusg	3200	176	160	135	—
Neuchâtel.......	2850	240	176	130	130
Chaux de Fonds ...	2750	256	—	168	—
Sihlwerk	2300	400	232	144	—
Schwyz........	2000	168	152	130	120
Aare=Emmelkanal ...	—	296	160	—	—
Elektrizitätswerk Bez. .	2400	192	144	—	—
Bern	—	218	170	140	128
Basel	—	176	176	176	176

bei unseren Flüssen auf ähnlich niedrige Preise für das Jahres= pferd und die Pferdekraftstunde, selbst wenn eine Dampfaushilfe vorgesehen werden muß.

5. Gestehungskosten der KwSt. bei Kohlenkraftwerken. Die wesentliche Belastung der Wasserkraft ist der Zins. Die Kohlenkraft hat verhältnismäßig geringeren Zins, dafür umso größere Betriebs= kosten für die Anschaffung der Kohlen zu tragen. Eine Wasserkraft auszubauen, empfiehlt sich dann nicht mehr, wenn die Kohlen= kraft am Verbrauchsorte billiger würde. Und das ist merkwürdiger= weise recht häufig der Fall. Einmal mag da die große Reichweite eines Kohlenlagers die Ursache sein, zum anderen der Umstand, daß sich das Kohlenkraftwerk den geringen Bedarfsverschiebungen des Ver= brauches insofern besser als das Wasserkraftwerk anpassen kann, als es bei Rückgang der Belastung an Kohlen — dem Hauptteil der

5. Gestehungskosten der KwSt. bei Kohlenkraftwerken

Kosten — zu sparen vermag, während das Wasserkraftwerk ganz unbekümmert um die Belastung gleichmäßig den Hauptteil seiner Betriebskosten, den Zins, frißt.

Der Kohlenverbrauch selbst ist für jede Pferdestärke in hohem Maße von der Größe des Kraftwerkes abhängig und zusammengeschlossene Werke sind den Einzelkraftwerken wiederum erheblich überlegen. Die General Electric Co. in Schenectady gibt für die Vereinigten Staaten z. B. folgenden Kohlenverbrauch (Taf. 6) bei verschieden großen Werken an. Ein paar aus deutschen Kraftwerken stammende Kohlenverbrauchszahlen sind darunter gesetzt. Nebenbei erkennt man, daß wir mehr sparen, weil wir schon vor dem Kriege eben sparen mußten.

Tafel 6.
Bei Anlagen von einem Strombedarf

von 0,5	1	1,5	2	3	6	10	20	Mill. KwSt.
sind bei Zentralstationen								
3,86	2,54	1,18	2,0	1,8	1,7	1,6	1,45	kg Kohle für die KwSt. verbraucht worden
bei Einzelstationen								
3	3,63	3,1	2,9	2,6	2,5	2,4	2,3	
in Deutschland etwa:		2,1		1,43	1,14		0,47	

Für deutsche Braunkohlen gibt Direktor Knust folgende

Tafel 7:

Werkgröße	200	960	2500	12 100 Kw
Anzahl der betrachteten Werke	9	9	11	2
KwSt. Jahresverbrauch	0,5	2,4	6,25	30 Mill. KwSt.
Wärmeeinheiten/KwSt.	14 767	12 991	9452	8836
kg Braunkohle/Kw.St.	5,8	5,2	3,78	3,5

Falls man demnach die kleinen Werke durch ein großes Braunkohlenkraftwerk ersetzte, könnte man mit einem Verbrauch von 10 000

B. Wert der Wasserkraft

WE./KwSt. oder rund 4 kg Braunkohle für die Kilowattstunde rechnen.

Ludwig Aschoff hat im Auftrage des Beratungsvereins „Elektrizität" e. V. 1917 eine Arbeit verfaßt, in der er das wirtschaftliche Ergebnis der öffentlichen Elektrizitätsversorgung Preußens behandelt. Daraus ergibt sich, daß in Preußen im Jahre 1914—15 von 180 000 Kw eingebauter Leistung bei einer gesamten Stromabgabe von 2,1 Milliarden KwSt.

für Stromerzeugung	3,41 ₰/KwSt.
„ Stromverteilung	0,54 ₰/KwSt.
„ Verwaltung	1,58 ₰/KwSt.
	5,53 ₰/KwSt.
„ Zinsen[1])	3,18 ₰/KwSt.
insgesamt also	8,71 ₰/KwSt.

ausgegeben wurde, während im Durchschnitt für 1 KwSt. 12,37 ₰ erlöst wurden.

Um die 2,1 Milliarden abzugeben, waren installiert 1,8 Mill. Kw die bei gleichbleibender Dauerbelastung 15,4 Milliarden KwSt. hätten erzeugen können; es wurden also weniger als $1/7$ des Möglichen erzeugt. Wie sehr viel mehr Kw durch die Zersplitterung installiert sind als bei Zusammenfassung nötig wären, ergibt sich daraus, daß die gleichzeitige höchste Gesamtbelastung der 1,8 Mill. Kw starken Werke nur 0,71 Mill. Kw beträgt, also nur etwa 40% der installierten Leistung. Diese höchste Leistung hätte in 3000 Stunden die ganze Stromerzeugung von 2,1 Milliarden KwSt. leisten können. Es ist keine Frage, daß durch Zusammenlegung aller Werke an ein gemeinsames Verteilungsnetz an Betriebskosten erheblich würde gespart werden können. Aschoff gibt auch die Anlagekosten an und zwar ermittelt er für den ganzen Durchschnitt sämtlicher Werke den Herstellungswert mit 400 ℳ/Kw. Den Wert des Verteilungsnetzes ermittelt er mit 430 ℳ/Kw. Diese Zahlen zeigen, daß die Herstellungskosten gegen frühere Zeiten erheblich gesunken sind, denn Hoppe ermittelte die Anlagekosten von deutschen mit Dampf betriebenen städtischen Elektrizitäts-

---

[1]) $4^1/_2 \%$ von 830 = 37 ℳ für jedes Kilowatt; entsprechend einem Gesamtzinsenaufwand von $1,8 \times 37$ Mill. = 66,6 Mill. ℳ also für 1 KwSt. abgegebenen Stromes 3,18 ₰/KwSt.

werten auf Grund der Statistik der Elektrizitätswerke vom Jahre 1905 zu um 33% höheren Werten.

Des Weiteren würde im Jahre 1915 die Herstellung eines Kilowatt bei Großkraftwerken etwa nur 180 ℳ gekostet haben.

Es ist interessant, diese Zahlen mit den für die Kohlenkraftwerke der Niederlande gegebenen zu vergleichen. Die durchschnittlichen Kosten für die Erzeugung 1 KwSt. stellten sich bei 200 Gemeindekraftwerken auf 12,5 ₰, für 7 Provinzkraftwerke auf 9,59 ₰ und würden schätzungsweise bei einem Reichskraftwerk auf 7,6 ₰ herabsinken. Die Niederlande muß die Kohle einführen, womit wohl die höheren Erzeugungskosten zusammenhängen.

Liegt nun gar noch das Kohlenlager günstig im Absatzbezirk, oder läßt sich das Krafthaus direkt an den Kohlenlagern errichten, und die Verbrauchsindustrie direkt daneben ansiedeln, so sind die Bedingungen für allerbilligste Stromerzeugung durch Kohle gegeben, ohne daß, wie es scheint, die Wasserkraft auch nur entfernt daran heranreichen könnte. Deshalb die auffallende Erscheinung, daß die Großkraftwerke zur Erzeugung von Stickstoffprodukten, die der Krieg unerbitterlich zu errichten erzwang, auf Braunkohle basiert wurden, in der Tiefebene bei Bitterfeld und Merseburg und in Oberschlesien errichtet wurden und nicht etwa an Wasserfällen im Gebirge, wie sie in Oberbayern zur Verfügung gestanden hätten. Freilich war noch ein Hinderungsgrund diese Stickstoffwerke auf Wasserkraft aufzubauen die längere Bauzeit der Wasserkraftanlagen.

Eine bedeutende Verbilligung der Kw-Stunde ist bei diesen Werken auch durch eine außergewöhnliche Größe erreicht worden. Mit 200 000 PS gehört das Großkraftwerk Zschornewitz (Golpa) bei Bitterfeld zu den größten Kraftzentralen und ist als Dampfkraftwerk das größte überhaupt. Wenn indessen so billige Strompreise wie 2 ₰/KwSt. ursprünglich hatten vorgesehen werden können, so ist der Grund hierfür der gleichmäßige Belastungsgrad nahe der Eins, wie ihn nur der chemische Großbetrieb ermöglicht.

6. Ergebnis und Zukunftsmöglichkeiten. Wir waren ausgegangen uns ein Bild zu machen von dem Wert einer Wasserkraft. Rückschauend wollen wir wiederholen, daß der Wert einer Wasserkraft bestimmt ist nicht allein durch die Ausbaukosten, auch nicht durch die abgebbare Leistung, sondern durch das Verhältnis des Preises der wirklich

B. Wert der Wasserkraft

abgegebenen Leistung zu den Gestehungskosten dieser Stromabgabe. Der Gestehungspreis setzt sich zusammen aus:
 a) der Verzinsung der Anlagekosten,
 b) der Tilgung der Anlagekosten,
 c) der Rücklagen für Schäden durch Hochwasser und ähnliche Unglücksfälle,
 d) den Unkosten für Bedienung, Reparatur und Schmierung der Maschinen,
 e) den Kosten für die Bedienung und Brennstoffe etwaiger Wärmekraftaushilfsmaschinen.
 f) Verwaltung.

Die Verzinsung des Anlagekapitals hat bei weitem den größten Anteil am Gestehungspreis, sie macht 60—80% aus, während bei Kohlenkraft die Verzinsung nur etwa 20—40% des Gestehungspreises ausmacht.

Die abgebbare Leistung muß für alle Jahreszeiten tunlichst dem Bedarf angepaßt werden können und wir sahen, daß die Anpassungsmöglichkeit und die Art des Bedarfes, also die Notwendigkeit der Bewältigung der Spitzenbelastung und die Möglichkeit dieser Bewältigung ausschlaggebend sind für den Gestehungspreis.

Wir sahen ferner, daß der Gestehungspreis für die KwSt., allerdings nur bei schärfster Ausnutzung aller Vorteile, billiger werden kann als im Kohlenkraftwerk. Da nun der Energiebedarf unersättlich ist, also für billige Wasserkraft stets Abnehmer vorhanden sind, muß die Entwicklung der Wasserkraftwerke den Weg gehen, den die Kohlenkraftwerke vorgezeichnet haben. D. h. es müssen die Werke selbst immer größer werden und die bestehenden Werke müssen notgedrungen allmählich zusammengeschlossen werden, damit sie sich in Spitzenbelastungen gegenseitig helfen können. Eine großzügige Energiewirtschaft wird aber auch die Kohlenkraftwerke an dasselbe Stromnetz anschließen und den Bewirtschaftungsplan sorgfältig so durchführen, wie es der Eigenart der angeschlossenen Werke entspricht. Man wird bei der Stromversorgung Süddeutschlands etwa daran denken können, die hochliegenden oberbayrischen Seen als natürliche Ausgleichbecken heranzuziehen und die aus diesen Becken zu speisenden Turbinenanlagen in erster Linie zur Spitzendeckung heranziehen. Die Flüsse der Alpen, die aus Gletschern gespeist werden, wie der Rhein und Inn, führen im Hochsommer (z. Zt. der Regenarmut) viel Wasser, während

6. Ergebnis und Zukunftsmöglichkeiten

andere durch Regengüsse direkt unterhaltene Flüsse wie Lech, Donau zu dieser Zeit an Wasserarmut leiden. Es muß verlangt werden, daß solche Verschiedenheiten zur gegenseitigen Ergänzung herangezogen werden. Was dann noch an Energie zu decken ist, und es bleibt noch ein Hauptteil übrig, muß durch Kohlenkraftwerke gedeckt werden, die ihrerseits möglichst gleichmäßig zu belasten sind und die Grundbelastung des Stromnetzes zu übernehmen hätten.

Auf solch großzügigem Programm ist das Bayernwerk aufgebaut, das seiner Verwirklichung entgegengeht. Das Bayernwerk findet seinen Hauptrückhalt an dem schon erwähnten Walchenseekraftwerk. Ebenso sind die Süd- und Westdeutschen Kraftwerke zusammenzuschließen geplant. Das Braunkohlenkraftwerk der Zeche Gustav in Dettingen, sowie die künftigen Zusammenschlüsse des Werkes Offenbach mit den Mainwasserkraftwerken und dem Kraftwerk Heag in Darmstadt bilden das letzte Glied von Werken für dieses von Bremen bis zur Schweiz und Tirol durch Deutschland sich erstreckenden großen Stromversorgungsgebietes.

Der Belastungsgrad aller bestehenden Werke könnte erheblich verbessert und der Strompreis dadurch erheblich erniedrigt werden, wenn der Bedarf sich auch für die Nachtzeiten gleich stark entwickeln lassen könnte. In der Großzüchtung solcher Industrien und Abnehmer, die des Nachts gleichmäßige Stromverbraucher sind, wäre eine wirtschaftliche Großtat zu erblicken. Denn dann könnten alle des Nachts jetzt ruhenden Wasserkräfte zur Energielieferung herangezogen werden und diese Energie erhielte man umsonst, da sie keine Neuanlagekosten erforderlich machte und die Bedienungskosten verschwindend gering wären. Solche Abnehmer könnten die Bahnbetriebe werden und die Backöfen, wenn deren elektrische Beheizung durchgeführt wäre. Für den Winter wenigstens kämen die Heizungen als Dauerverbraucher auch des Nachts in Frage. Es wäre denkbar, Öfen für Wohnräume zu bauen, mit solcher Wärmespeicherung, daß sie den Tag über vorhalten, wenn sie des Nachts geheizt werden. Vielleicht ließe sich des Nachts ein Wasserstofferzeuger in Gang setzen, der groß genug bemessen wird um den tagüber nötigen Brennstoff zu liefern. Diesen Anwendungsmöglichkeiten war noch bisher der gegen Kohlenwärme noch zu hohe Preis für die elektrische Wärme hindernd im Wege. Außerdem würden die Verteilungsnetze der Häuser unzulässig überlastet, hätten sie noch den Heizstrom am Tage zu führen. Immerhin sind in der

Schweiz, wo die Wasserkraft billig und die Kohlen teuer sind, bereits elektrische Zentralheizungen mit wirtschaftlich gutem Erfolge bei dem Preise von 2,5 Rappen für die KwSt. in Betrieb. Elektrisches Kochen und Heizen wird wirtschaftlich, sobald die Stromkosten für 1 KwSt. geringer sind als für $1/3$ cbm Gas oder 0,2 kg Koks.

Bei der seit Jahrzehnten ständig sich steigernden Trockenheit des Monats Mai und Juni, der Monate, die für das Wachstum unserer Nährpflanzen von höchster Bedeutung sind, wird es unausbleiblich, daß wir in unserem Vaterlande zur künstlichen Bewässerung schreiten, zumal die ersten Versuche auch im Großbetrieb zu glänzenden Ergebnissen geführt haben. Diese Bewässerung könnte des Nachts durchgeführt werden und eine sehr willkommene Ausgleichsbelastung für unsere Elektrizitätswerke liefern.

In den Herbstmonaten ließe sich die Ernte künstlich trocknen.

Wenn so nun der Ausgleich und die damit verbundene höchste Wirtschaftlichkeit auf Zusammenschluß und Großkraftwerke drängt, so soll man doch nicht kritiklos jedes Klein- oder Mittelkraftwerk in den Großring pressen. Hallinger macht darauf aufmerksam, daß für die Landwirtschaft günstig gelegene Kleinkraftwerke sich schon bei Größen von 100 PS an gut rentieren können, wenn sie ausschließlich künstlichen Dünger herstellen. Jährlich könnten mit Zuführung von 25 Eisenbahnwagen Kalksteinen 100 PS etwa 80—100 Tonnen Salpeter herstellen, die einen Wert von 25—30000 ℳ Friedenspreis darstellen. Die erhebliche Belastung der Eisenbahnen durch den Transport des Düngers nach weitgelegenen Punkten hin, fiele durch diese Dezentralisation weg. Es ist allerdings zu befürchten, daß der Betrieb einer solchen Stickstoffdüngerfabrik doch wohl zu verwickelt ist, als daß er sich bei so kleinen Verhältnissen wirtschaftlich gestalten könnte.

In unseren Erörterungen mußten wir als Maßstab für den Wert der Wasserkraftnutzung und ihre Wirtschaftlichkeit das Geld anwenden, mangels eines besseren. Das Geld, auch nicht als Goldgeld, ist aber nicht tauglich, als Maßstab zu dienen, da er fortwährend und ständig damit seine absolute Größe ändert. Es sind also alle unsere Schlüsse, insbesondere die über den Wertvergleich zwischen Kohle und Wasser unbestimmt. Für diesen Vergleich hätten wir vielleicht besser anstelle des Geldes die menschliche Arbeitskraft gesetzt, wie sie jeweils zur Gewinnung einer KwSt. in verschiedenem Grade erforderlich ist. Dann sieht man sofort die außer jeder Diskussion stehende unbedingte Überlegenheit der Wasserkraft. Diese nimmt nur einmal, bei der Anlage, die Menschenkraft in Anspruch, wenn man von dem laufenden kleinen Aufwand für Verwaltung und Bedienung und Abnutzung absieht. Das Kohlenkraftwerk dagegen zweimal, einmal vorübergehend bei der Anlage, dann aber dauernd in hohem Maße zur Förderung und Herbeischaffung der Kohle. Je höher nun die Kosten der menschlichen Arbeitskraft steigen, desto größer wird auch im Geld gemessen, die Überlegenheit der Wasserkraft sich kundtun. Eine besondere Vergrößerung dieser Überlegenheit ergibt sich für uns z. Zt. noch durch die unnatürliche künstliche Preissteigerung, die die Kohle durch den Raub des Feindbundes erfährt. Dieser Zusatz an Überlegenheit der Wasserkraft ist vorübergehend, während ihre Steigerung infolge höherer Wertschätzung der menschlichen Arbeitskraft bleibend ist. Da der Feindbund im Kohlenüberfluß schwimmt, wird die auch bei ihm vergrößerte Überlegenheit der Wasserkraft künstlich vorübergehend verringert. O, daß wir diesen Vorsprung nützen möchten! Kein Wassertropfen sollte ungenutzt zu Tal rinnen. In Verwirklichung dieser Forderung müßten die Gerechtsame auch eingeschränkt werden. Die Gefälle eines Flußlaufes sollten nicht aufgeteilt werden nach zufällig ererbten Besitz oder nach zufälligem Bedarf des Anliegers, sondern möglichst so, daß keine ungenutzten Gefälle, die als Einzelkraftwerke auszubauen sich nicht lohnen würden, übrig bleiben. Die Wasserwirtschaft ist eine öffentliche Sache, sie sollte es wenigstens sein, und es ist zu hoffen, daß die Zukunft, die mancherlei verschrobenen Rechte, die vielfach der Wasserkraftausnutzung im Wege stehen, beseitigt. Es sind die Wasserkräfte bei uns bisher nur zum geringsten Teil ausgenutzt, wie die folgende Zusammenstellung zeigt. Deshalb wäre es noch möglich und an der Zeit, diese Kräfte samt und sonders in öffentlichem Besitze überzuführen, wie es für die Vereinigten Staaten von Amerika fast ausschließlich zutrifft.

C. Wasserkraftvorkommen.

1. Die Wasserkräfte der Erde. Hoffentlich hat der Leser nunmehr einen Begriff vom Wert einer Wasserkraft und auch einen Maßstab, so daß er die folgende Tafel 8, die Aufschluß über die in der Welt verfügbaren Wasserkräfte gibt, mit Interesse durchsehen wird.

In Europa hat im Verhältnis zu seiner Einwohnerzahl Deutschland

Tafel 8.

	verfügbar	Ausgenutzt 1911	1915	1918
Deutschland	3 700 000	450 000		600 000
Preußen	1 800 000			155 000
Bayern	1 000 000			180 000
Württemberg	250 000			95 000
Deutschösterreich	6 300 000			300 000
Nieder Vorarlberg und Salzburg	1 250 000			
Vorarlberg und Tirol	2 000 000			
Kärnten	700 000			
Steiermark	1 600 000			
Sudeten	800 000			
Schweiz	3 100 000	100 000	878 000	
Galizien	1 340 000			
Karpathen	1 000 000			
Rußland	3 000 000		250 000	
Devina	120 000			
Njemen	50 000			
Narwa	40 000			
Djnepr	120 000			
Baltikum	250 000			
Finnland	1 000 000			
Norwegen	7 500 000	900 000		1 200 000
Schweden	6 800 000	70 000		1 200 000
Spanien	5 200 000	300 000	500 000	650 000
Frankreich	6 200 000	200 000	600 000	1 100 000
Italien	5 500 000	210 000		1 000 000
England	1 000 000	80 000		
Kanada	27 000 000 (5 400 000)			2 305 000[1]
Australien, Tasmanien u. Neu Seeland	560 000			
Neu Guinea	6–10 000 000	Der früher deutsche Teil ist ebenso reich an Wasserkräften.		

1) An den Stromschnellen des St. Lorenz allein 2 150 000 PS in Angriff genommen.

sehr wenig Wasserkräfte, mit Deutsch-Österreich zusammen dagegen recht ansehnliche Kräfte, rückte an die dritte Stelle in der Welt und die erste in Europa. Bei weitem der größere Teil liegt in den Alpen und Voralpen. Der Oberrhein von Basel bis Mannheim ließe sich mit 600000 — 1200000 PS nutzbar machen, ebensoviel ließen sich der Donau entnehmen. Aus der bayrischen Strecke etwa 250000 PS in drei Donaustufen bei Wien, Aschbach und Mauthausen zusammen weitere 350000 PS. Insgesamt sind von Ulm bis Orsowa 3 Millionen verfügbar.

2. Der Bedarf an Wasserkraft. Der Begriff „verfügbar" ändert sich je nach dem Stand der Technik und der Kühnheit des veranschlagenden Ingenieurs. So kann man es z. B. für möglich halten, allein aus der Isar durch Weiterführung vom Kochelsee, wozu das Walchenseekraft-werk auffordert, über dem Würmsee nach Grünwald 1260000 PS zu gewinnen, die gesamte Fallenergie der Isar bei Hochwasser würde sogar 8 Millionen PS betragen, die allerdings bei weitem nicht rest-los gewinnbar sind. Man könnte jedoch in Bayern allein auf 5 Millionen wirklich ausnutzbarer Pferdestärken kommen.

Es fragt sich nun, können wir denn, vorausgesetzt, alle Wasserkraft wäre in elektrischen Strom umgesetzt, diesen verbrauchen? Haben wir genügend Absatz? Dazu ist zu sagen, daß die Elektrizitätswerke Preußens zusammen im Jahre 1914/15 2,45 Mill. PS Maschinenleistung auf-weisen, die allerdings wegen der Zersplitterung in Einzelanlagen schlecht ausgenutzt waren, daß der Kraftverbrauch Preußens insgesamt etwa auf 10—12 Millionen PS geschätzt wird. Der zukünftige Strombe-darf durfte für 1928 eingeschätzt werden, wenn nicht der Vernichtungs-wille unserer Feinde jede Zukunftshoffnung erstickt, zu etwa 17000 Mill. Kw St. während im Jahre 1914/15 obige 2,45 Mill. PS 2100 Mill. Kw St., auf den Kopf der Bevölkerung also 50 Kw St. abgaben. Die Verteilung des Strombedarfs hätte man sich wie folgt zu denken:

1. für Kleinabnehmer . . . . 1200 Mill. Kw St.
2. „ Landwirtschaft . . . . 250 „ „
3. „ Kraftstrom . . . . 11550 „ „
4. „ industrielle Dauerbetriebe . . . . 4000 „ „
    17000

Bayern hatte im Jahre 1914 im Gesamtdurchschnitt einen Strom-verbrauch von 20 Kw St. auf den Kopf, im Durchschnitt der gut ver-sorgten Gebiete dagegen 100 Kw St./Kopf. Sein Stromverbrauch könnte also noch mindestens verfünffacht werden, wenn die schlecht ver-sorgten Gebiete aufgebessert würden. Vorarlberg, das besonders gut versorgt war, verbrauchte pro Kopf bereits 200 KwSt. Bei den bisher gegebenen Verbrauchszahlen ist der Vollbahnbetrieb noch außer acht gelassen, der selbst noch mal ähnliche Mengen verbrauchen würde. Die Schweiz hat einen gegenwärtigen Bedarf von über 4,6 Milliarden KwSt. für

1. gesamte Beleuchtung,
2. gesamten Bahnbetrieb,
3. Industrie und Landwirtschaft,
4. allgemein durchgeführtes elektr. Kochen,

den zu decken die Verdoppelung der bis jetzt ausgebauten Kräfte hinreicht. Damit käme sie auf etwa 1000 KwSt. für den Kopf der Bevölkerung. Die Schweiz wird danach Wasserkraft exportieren können, während wir auch mit Einschluß Österreichs unseren gesamten Energiebedarf bei weitem nicht durch Wasserkraft werden decken können.

5. Grenzen der Verschickung elektrischer Energie. Freilich, bevor wir daran denken können, den in den Alpen gewonnenen Strom in ganz Deutschland zu verteilen, muß das Problem der Fernübertragung auf weite Strecken noch gelöst werden. Darüber noch ein Wort: Die Lösung dieses außerordentlich wichtigen Problems versuchte man zunächst durch Steigerung der Spannung. Wechselstrom gab ein einfaches Mittel in die Hand durch Transformatoren, höchst einfache Maschinen, weil keinerlei mechanische Bewegung bei ihnen nötig, die Spannung beliebig zu erhöhen. Je höher die Spannung, desto kleiner der Querschnitt des Leitungsdrahtes bei gleicher Leistung, desto kleiner die Verluste. Die Grenze der Spannung ergab sich durch die Ausstrahlungen der Leitungen und den höchst störenden Umstand, daß zum Aufladen der wegen der hohen Spannung ungeheure Energiemengen enthaltende Leitung größere Maschinen erforderlich werden, als für die Erzeugung des Nutzstromes. Diese üble Erscheinung wächst mit der Entfernung.

Die Leitungsschwierigkeiten bestehen nur für Wechselstrom. Bei Gleichstrom fallen sie weg. Außerdem hat Gleichstrom keine Rückleiterverluste, da der Rückstrom verlustlos durch die Erde geschickt werden kann. Für gleiche Leistung bei gleicher Spannung wird außerdem der Leitungsquerschnitt kleiner, die Masten können leichter oder die Spannweite von Mast zu Mast größer gewählt werden, sodaß dieselbe Leistung bei Gleichstrom auf $3^{1}/_{2}$ fache Entfernung des

Wechselstromes für gleichen Preis geschickt werden kann. Jedoch ist es bisher noch ein ungelöstes Problem, wie man den Gleichstrom auf genügend hohe Spannung bringen soll. Wenn die Frage gelöst ist, greifbare Möglichkeiten sind bereits im Versuch, werden die Hafenstädte des deutschen Reiches ihren Strom aus den Alpen beziehen können. Bis dahin werden wir in den den Alpen benachbarten Ländern einen Überschuß an Wasserkraft haben. Das entbindet uns aber nicht der Pflicht, den Ausbau der Wasserkräfte mit allen Mitteln zu fördern und zu beschleunigen. Wir müssen noch vielmehr künstlichen Dünger schaffen, damit unsere Landwirtschaft uns voll ernähren kann, und wir müssen Aluminium machen, damit wir kein amerikanisches Kupfer gebrauchen, wir müssen unsere Kohlen ersetzen, und dazu verhelfen uns die Wasserkräfte.

4. Grenzen der Ausbaufähigkeit der Wasserkräfte. Die Grenze für die Ausbaufähigkeit der Wasserkräfte ist durch das zur Verfügung stehende Gefälle gegeben. Je höher das Gefälle, desto rascher wird die davon beaufschlagte Maschine umlaufen, mit desto kleinerer Umfangskraft schafft sie große Leistungen, entsprechend dem Hebelgesetz, daß großer Kraft ein kleiner, kleiner Kraft ein großer Weg in derselben Zeit entspricht. Je kleiner aber die Kräfte, desto kleiner können die Abmessungen der Maschine werden, desto billiger wird sie. Deshalb sind die Wasserkräfte im Gebirge billig auszubauen, in der Tiefebene sehr teuer, so teuer, daß der Ausbau meist nicht lohnt. Gelänge es Maschinen zu bauen, die trotz der sehr kleinen Gefälle mit dem die Flüsse der Tiefebene strömen, genügend rasch umliefen, also genügend billig würden, um wirtschaftliche Herstellung des elektrischen Stromes zu gewährleisten, so würden die verfügbaren Wasserkräfte, die die vorstehende Zusamenstellung angibt, um erhebliches vergrößert werden müssen. Zu den großen Wasserkräften mit äußerst kleinem Gefälle gehören auch die Gezeitenströmungen, deren Ausnutzung mehrfach versucht wurde, ohne daß dies zu greifbarem Ergebnis geführt hätte. Man darf aber die Hoffnung hegen, daß die Lösung auch dieser Aufgabe gelingt, der Weg zur Lösung ist bereits beschritten.

Am Schlusse dieser technisch-wirtschaftlichen Betrachtung mag der Leser noch einmal bedenken, wie merkwürdig es ist, daß eine Kilowattstunde gewonnen aus dem freifließenden Wasser, das ohne Kosten ewig dahinströmt, im Durchschnitt so erheblich teurer ist, als die Kohlenenergie. Den Grund sehen wir in der Belastung der Wasserkraft mit den Zinsen, die bis zu 80% der Herstellungskosten einer Kilowattstunde verschlingen. Wenn die Zinsenlast so den bei weitem größten Anteil aus den Gestehungskosten ausmacht, dann bedeutet jetzt bei der so entsetzlich tief gefallenen Kaufkraft des Geldes der Ausbau einer Wasserkraft auf alle Fälle für das Kapital ein großes Wagnis, weil man bei den phantastisch gesteigerten Anlagekosten nicht hoffen darf, deren Zinsen durch den Verkauf von Strom hereinzubekommen, namentlich, wenn sich später wiederum die Kaufkraft des Geldes heben sollte. Also ist der Geldzins ein schweres Hemmnis für den Ausbau der Wasserkraft.

In der Tafel 8 hatten wir den Begriff der „verfügbaren" Wasserkräfte benutzt. Wir sahen diesen Begriff abhängig von der Kühnheit der Idee. Jetzt sehen wir ihn in weiterer Abhängigkeit von der Höhe des Zinsfußes! Je kleiner die Verzinsung für das Anlagekapital, desto größer die verfügbaren Wasserkräfte. Die Grenze für die verfügbaren Wasserkräfte ergäbe sich bei der Verzinsung Null mit der durch die Abnutzung der Anlage gebotenen Tilgungsziffer. Solange also die Einnahmen für Stromlieferung die Verwaltungskosten und den natürlichen Verschleiß decken, lohnte es sich die Wasserkraft auszubauen.

Wie hoch wohl die Ziffer für die „verfügbaren" Wasserkräfte in unserem Vaterlande emporschnellen würde, könnten wir die Anlage mit $1\frac{1}{2}\%$ tilgen und eine Verzinsung Null einsetzen? Die Ebbe und Flut würden sicherlich gewinnbringend ausnutzbar. Die Flüsse würden wohl das dreifache der jetzigen PS=Zahl ergeben. Vielleicht brauchten wir dann den Menschen nicht mehr zu zwingen, in der Hölle 1000 m tiefer Bergwerke über seine Kraft hinaus zu fronden; drei bis vier stündige Arbeitszeit würde den Kohlenbedarf schaffen, wenn das Wasser uns alle Kraftmaschinen triebe.

II. Die technischen Grundlagen.

A. Feststellung der verfügbaren Wassermenge.

1. Regenmessung. Soll ein Wasserwerk ausgebaut werden, so gilt es vor allem, die Wassermenge festzustellen, die zur Verfügung steht. Das zu tal fließende Wasser kommt entweder aus Gletschern oder aus den Regenwassern, die in dem Gebiet, das durch den Wasserlauf entwässert wird, niedergehen. Folglich wird die in den Flüssen fließende Menge der Regenmenge irgendwie proportional sein, je nach

1. Regenmessung

dem Wetter täglich, ja stündlich, schwanken, vor allem nach den Jahreszeiten sehr verschieden sein müssen. Diese Schwankungen müssen dem entwerfenden Ingenieur bekannt sein und zwar umso genauer, je vollkommener die Wasserkraft ausgenutzt werden soll. Aus den früheren wirtschaftlichen Betrachtungen erhellt, daß nur eine aufs äußerste ausgenutzte Wasserkraft der Kohle gegenüber wettbewerbsfähig ist und also müssen dem Entwurf jahrelange Beobachtungen vorausgehen, da die Schwankungen es gerade sind, die am meisten die Wirtschaftlichkeit gefährden. Diese Beobachtungen sind von besonderen Anstalten für alle Gebiete Deutschlands genau durchgeführt, wenn auch nicht ausschließlich als Vorarbeiten für Kraftanlagen. Überall im deutschen Reiche und auch anderen Kulturstaaten, wird die Regenmenge gemessen und in Karten eingetragen, in denen die Wasserscheiden der Flußläufe ersichtlich sind. Das durch die Wasserscheiden eines Flußlaufes begrenzte Gebiet heißt das Einzugsgebiet. Die Regenmenge wird durch die Niederschlagshöhe gemessen. Unter Niederschlagshöhe versteht man die Höhe des Wasserstandes, die sich ergeben würde, wenn sich die Regenmenge gleichmäßig über das Niederschlagsgebiet ausbreiten würde. Die Regenmenge wird auf die Weise gemessen, daß man an möglichst vielen Punkten des Einzugsgebietes Gefäße bestimmter Auffangflächen aufstellt und die Höhe des Wassers in dem Gefäß nach jedem Regen mißt. Man nimmt an, daß in dem Gebiete jedes Wassermessers auf gleich großer Fläche dieselbe Regenmenge wie über der Auffangsfläche niedergegangen ist. Vom gefallenen Regen verdunstet ein Teil, der umso größer ist, je länger das Wasser durch Pflanzen und undurchdringlichen, wenig geneigten Boden an der Oberfläche festgehalten wird. Im felsigen steil abfallenden Gelände ohne Pflanzendecke wird die Verdunstungshöhe geringer sein, als im ebenen bewachsenen oder gar bewaldeten Humusgelände, das den Regen lange festhält. Ein anderer nicht unbeträchtlicher Teil wird von den Pflanzen zu ihrem Wachstum verbraucht. Bestimmte Pflanzen verbrauchen soviel Wasser, daß man die Abflußmengen der Flüsse dadurch merklich beeinflussen kann; so wird bekanntlich in südlichen Gegenden der Eukalyptusbaum angepflanzt in der ausgesprochenen Absicht, dadurch eine Entwässerung des Bodens herbeizuführen. Ein dritter Teil der Niederschlagmenge versickert im Boden. Wenn die Grundwasserscheiden ungefähr mit den Oberflächenwasserscheiden gleich verlaufen, werden die Versickerungen schließlich doch wieder restlos dem Strom

44 A. Feststellung der verfügbaren Wassermenge

bett zugeführt. Wenn man also die von der Bodenbeschaffenheit abhängige Verdunstungsziffer und die durch den Pflanzenwuchs verbrauchte Niederschlagsmenge kennt, so kann man aus dem Niederschlag die Wasserführung eines Flußlaufes berechnen. Für die obere Saale hat man z. B. festgestellt, daß 20% der Regenmenge von den Pflanzen verbraucht werden, daß 50% verdunsten, sodaß die Saale nur 30% abführt, wovon die Hälfte auf der Erdoberfläche, die andere Hälfte durch Absickern zum Flußlauf gelangt. Stellt man demgemäß auf einer Regenkarte die durchschnittliche Regenmenge, die für Deutschland etwa 600 mm beträgt, und die Größe des Einzugsgebietes fest, so ergibt sich aus dem Produkt von Niederschlagshöhe mal Einzugsgebiet mal 30 vom Hundert die jährliche Abflußmenge. Man kann so aus dem Klima und der Bodenbeschaffenheit eines Landes auf die Abflußmengen seiner Flüsse schließen und so z. B. feststellen, daß Australien mit seinen großen Verdunstungsziffern nennenswerte Wasserkräfte nicht aufweisen kann, selbst wenn große Gefälle vorhanden wären. Auch wird man in Landstrichen, in denen das ganze Jahr vielleicht nur 5 mm Regen fallen, nicht nach Wasserkräften suchen, dagegen in den tropischen Gegenden, in denen bis zu 10000 mm Regen fallen, gewaltige Wasserkräfte erwarten dürfen.

2. Messung im Flußlauf. Man wird außer zur Bemessung von Talsperren, die dem Hochwasserschutz dienen, also die Regen- und Schneewassermengen abfangen sollen, die Regenmessungen in der Regel nur zum ersten Anhalt benutzen, dem Plan eines Kraftwerkes vielmehr die durch direkte Messungen am Flußlauf gewonnenen Ergebnisse zugrunde legen. Diese Messungen nimmt man vor, indem man an einer möglichst gradlinigen Stelle des Flußlaufes in der Nähe der zukünftigen Wasserentnahmestelle den Flußquerschnitt ausmißt (Abb. 3) und an möglichst vielen Punkten 1, 2, 3 ... 1a, 2a, 3a ... 1b, 2b, 3b ... usw. dieses Querschnittes die Wassergeschwindigkeit bestimmt. Diese

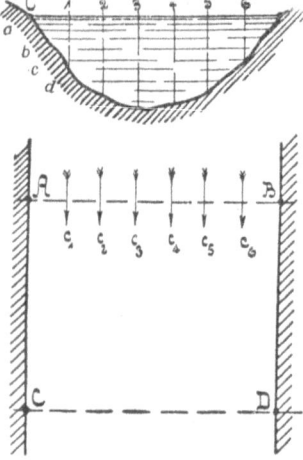

Abb. 3. Geschwindigkeitsmessung im Wasserlauf.

2. Messung im Flußlauf

ist nämlich keineswegs an allen Stellen des Querschnitts gleich, vielmehr durch den Einfluß der Reibung an dem Boden und an der Luft erheblich verschieden. Es ist deshalb nicht genügend, wenn man die Oberflächengeschwindigkeit des Wassers etwa durch hineingeworfene Schwimmkörper mißt, für die man die Zeit, die zum Durchschwimmen einer bestimmten Meßstrecke nötig ist, bequem feststellen kann. Man muß auch in der Tiefe messen. Dazu dienen beistimmte Meßröhren nach Pitot, Darcy oder Frank und hydrometrische Flügel, insbesondere diejenigen nach Woltmann.

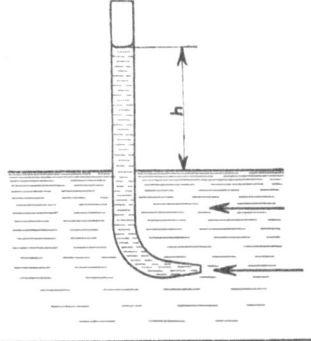

Abb. 4. Pitotrohr.

a) **Pitotrohr.** Die Pitotröhren bestehen aus einem rechtwinklich umgebogenen Rohr, dessen kurzer Schenkel in eine Spitze ausläuft (Abb. 4). Hält man diese Spitze gegen den Strom, so wird dieser das Wasser in dem Glasrohr über dem Flußwasserspiegel emporheben, weil das in das Rohr eingetretene Wasser durch den aufrecht stehenden Schenkel am Weiterfließen verhindert, einen Stoß ausübt, der umso stärker ist, je größer die Wucht des Wasserstromes, je größer die Stromgeschwindigkeit. Aus der Steighöhe läßt sich deshalb die Geschwindigkeit nach bestimmten Formeln, ermitteln. Die Steighöhe ist in empfindlicher Weise abhängig von der Richtung, mit der der Strom den Einflußquerschnitt trifft. Liegt dieser Querschnitt nicht genau senkrecht zu der Stromrichtung, so können erhebliche Meßfehler eintreten, und da die Richtung der Stromfäden durchaus nicht leicht genau genug getroffen werden kann, so ist die Messung nicht einfach und nicht einwandfrei.

b) **Woltmannflügel.** Zuverlässiger ist die Messung mittels Woltmannflügel. Dieser ist in Abb. 5 dargestellt, er besteht im wesentlichen aus einer horizontalen Welle AB mit 2—5 schief gegen die Achsenrichtung stehenden Flächen oder Flügeln F und gibt, unter das Wasser getaucht und der Bewegungsrichtung desselben entgegengehalten, durch die Anzahl seiner Umdrehungen innerhalb einer gewissen Zeit die Geschwindigkeit des fließenden Wassers an. Um die Anzahl dieser Umdrehungen ablesen können, erhält die Welle ein paar Schraubengänge C; diese läßt man zwischen die Zähne eines Rades D greifen, auf

46 A. Feststellung der verfügbaren Wassermenge

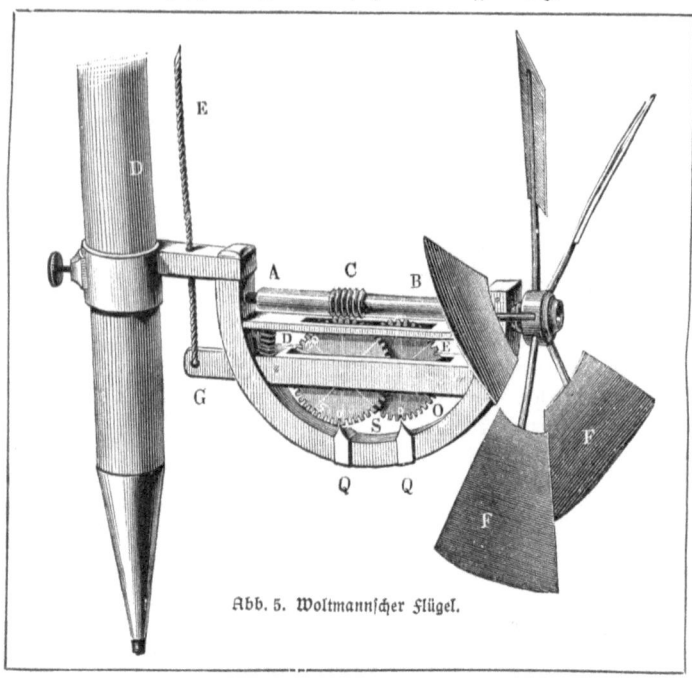

Abb. 5. Woltmannscher Flügel.

dessen Seitenflächen Ziffern eingegraben sind, welche an einem festen Zeiger die Anzahl der Umdrehungen der Flügelwelle angeben. Um eine große Anzahl von Umdrehungen beobachten zu können, wird auf die Welle dieses Zahnrades noch ein Getriebe aufgesetzt, das in ein zweites Rad E eingreift, an dem sich, gleichsam wie am Stundenzeiger einer Uhr, vielfache, z. B. fünf= oder zehnfache Werte der Flügelumdrehungen ablesen lassen. Das ganze Instrument wird an einen Stab geschraubt, um es bequem ins Wasser eintauchen und dem Strome entgegenhalten zu können. Damit aber das Räderwerk nur während der Beobachtungszeit umlaufe, läßt man seine Achsen in Pfannen umgehen, welche auf einem Hebel GO sitzen, der durch eine Feder niedergedrückt wird, so daß ein Eingreifen der Zähne des ersten Rades in die Schraubengänge nur so lange stattfand, als man den Hebel mittels einer Schnur GE emporzieht.

2. Messung im Flußlauf

Da zur Feststellung, wieviel der Zeiger während der Beobachtungszeit weitergerückt ist, das Instrument aus dem Wasser gehoben werden muß und dieses als lästig empfunden wird, hat man die Umlaufzahl elektrisch nach oben übertragen, indem durch bestimmte Kontakte der Flügelwelle ein elektrischer Strom eingeschaltet wird, der etwa nach je 25 Umdrehungen ein Zeichen auslöst. Damit der Flügel sich in die Stromrichtung einstellt, hat er, wie auf der Abb. 6 zu ersehen, eine Einstellfahne.

Hat man nun für einen ausgemessenen Querschnitt so oder so die Geschwindigkeitsverteilung festgestellt, so läßt sich damit die Durchflußmenge bestimmen, nachdem man jeder Geschwindigkeit eine bestimmte Fläche des Querschnittes schätzungsweise zugeordnet hat, für die man diese Geschwindigkeit als geltend ansieht. Aus Produkt der Fläche und Geschwindigkeit ergibt sich die Teilmenge, diese zusammengezählt ergeben die Wassermenge in der Sekunde. Dividiert man die so gefundene Wassermenge durch den Querschnitt, so erhält man die mittlere Geschwindigkeit, die bei verschiedenen Messungen in der Regel für den gegebenen Querschnitt zu der Größtgeschwindigkeit in einem feststehenden Verhältnis stehen wird. Nach Kenntnis dieses Verhältnisses für den Meßquerschnitt genügt die Feststellung der Höchstgeschwindigkeit, um danach die Wassermengen er-

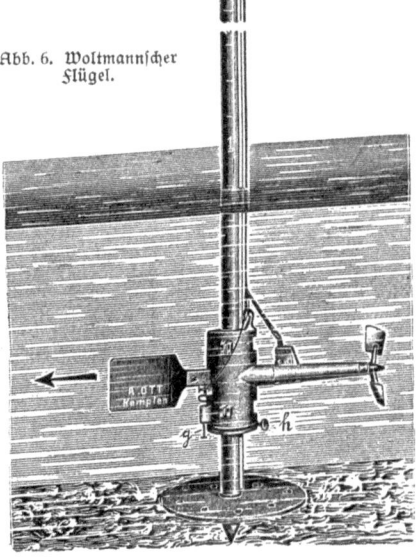

Abb. 6. Woltmannscher Flügel.

mitteln zu können. Nach diesen vorbereitenden Arbeiten ist nun an der zukünftigen Entnahmestelle die Wassermenge täglich zu messen, gleichzeitig wird man den Wasserstand nach dem Pegel, den man anbringen wird, notieren. Ein Pegel besteht in einem im Wasser errichteten Stab mit Gradeinteilung, die auf einen bestimmten Nullpunkt bezogen ist. Um auch das zur Verfügung stehende Gefälle zu ermitteln, stellt man dort, wo später das Wasser dem Fluß wieder zurückgegeben werden soll, ein zweites Pegel auf. Der Wasserstandunterschied beider Pegel wird mit der Wassermenge gleichzeitig bestimmt und in einem mit Millimeterquadraten überzogenem Papier so aufgetragen, daß die Wasserstandsunterschiede, d. i. also das Rohgefälle auf einer Senkrechten, die ermittelten Wassermengen auf einer Wagerechten aufgetragen werden. Außerdem trägt man auf einem zweiten Blatt zweckmäßig die Mengen für jeden Tag des Jahres auf. Mit den beiden Bildern hat man die Charakteristik eines Flußlaufes. Zählt man in dem zweiten Bild die durch die Charakteristik abgegrenzten Quadratmillimeter aus, teilt diese durch die das Jahr darstellenden Länge der Wagerechten, so wird der Quotient die Wassermenge angeben, die im Flußlauf für jede Sekunde des Jahres zu finden wäre, wenn der Jahresabfluß durch eine gleichbleibende Abflußmenge bewältigt würde.

In den Zahlentafeln 9 und 10 sind die bei Walgau, dem Orte, wo für das Walchenseewerk das Wehr eingebaut ist, von der Isar geführten Wassermengen beispielsweise angegeben und zwar für das Jahr 1902 nach täglichen Messungen. Der wasserreichste Monat war der Juni. Im Winter geht die Wassermenge stark zurück, um im April nach der Schneeschmelze stark anzuschwellen. Der Jahresabfluß des Jahres 1902 entspricht einer Höhe von 1080 mm, da das Einzugsgebiet 520 qkm und die Abflußmenge, wie aus der Tafel 9 hervorgeht, 560,2 Mill. cbm beträgt. Der Jahresabfluß ist ebenfalls von Jahr zu Jahr verschieden, wie aus der folgenden Zusammenstellung Taf. 10 ersichtlich ist, die der Wasserführung der folgenden Jahre entspricht.

Nach Kenntnis der Charakteristik des Flußlaufes tritt die wichtigste Überlegung des Ingenieurs ein, die Durchrechnung und Beurteilung der verschiedenen Maßnahmen, die zur Gleichmäßigkeitmachung der jährlichen Abflußmenge nötig sind. Bei kleineren und mittleren Wasserkraftanlagen gestaltet sich die Wassermessung einfacher.

2. Messung im Flußlauf

Tafel 9. Mittlere Wasserführung der einzelnen Tage des Jahres 1902, jährliche Gesamtabflußmenge und jährliche Abflußhöhe der Isar bei Wallgau. Einzugsgebiet 520 qkm.

	Jan.	Febr.	März	April	Mai	Juni	Juli	Aug.	Sept.	Okt.	Nov.	Dez.
1	10,0	8,5	7,4	13,8	24,0	43,8	37,2	24,0	12,0	7,6	8,9	7,4
2	10,0	8,5	7,4	12,0	24,0	43,8	43,8	24,0	12,0	7,6	8,1	7,4
3	10,0	8,5	7,4	12,0	24,0	51,5	40,5	24,0	12,0	7,6	8,1	7,4
4	10,0	8,5	7,6	12,0	24,0	51,5	37,2	24,0	12,0	7,6	8,1	7,4
5	10,0	8,5	7,6	12,0	24,0	46,0	37,2	24,0	12,0	7,6	7,6	7,4
6	10,0	8,5	7,6	13,8	24,0	44,9	35,0	23,0	12,0	7,6	7,6	7,4
7	10,0	8,5	7,4	15,0	24,0	44,9	35,0	23,0	13,8	7,6	7,6	7,3
8	10,0	8,5	7,4	12,0	24,0	43,8	35,0	23,0	13,8	7,6	7,6	7,3
9	9,2	7,9	7,4	12,0	24,0	43,8	35,0	40,5	12,0	7,6	7,6	7,2
10	9,2	7,9	7,4	12,0	22,0	43,8	35,0	35,0	12,0	7,6	7,6	7,2
11	9,2	7,9	7,4	12,0	22,0	40,5	35,0	29,5	19,0	7,4	7,6	7,2
12	9,2	7,9	7,4	13,8	20,0	33,9	29,5	29,5	33,9	19,0	7,6	7,2
13	8,5	7,9	7,4	16,6	20,0	29,5	29,5	29,5	29,5	24,0	7,6	7,2
14	8,5	7,9	7,4	22,0	18,2	40 5	29,5	29,5	19,0	19,0	7,6	7,2
15	8,5	7,8	7,4	29,5	16,6	40,5	29,5	24 0	15,0	14,4	7,6	7,2
16	8,5	7,8	7,4	35,0	15,0	40,5	32,8	24,0	15,0	10,8	7,6	7,2
17	8,5	7,8	7,4	35,0	15,0	35,0	32,8	24,0	15,0	12,0	7,6	7,4
18	8,5	7,8	7,4	35,0	15,0	48,2	32,8	24,0	15,0	10,0	7,6	7,4
19	8,5	7,8	7,5	32,8	15,0	30,4	32,8	24,0	12,0	10,0	7,4	7,4
20	8,5	7,6	7,6	32,8	24,0	48,2	32,8	24,0	12,0	10,0	7,4	7,4
21	8,5	7,6	8,1	35,0	24,0	53,7	32,8	24,0	12,0	9,2	7,4	7,4
22	8,5	7,6	8,1	35,0	24,0	51,5	32,8	20,0	12,0	9,2	7,4	7,4
23	8,5	7,5	8,5	37,2	27,3	40,5	27,3	19,0	12,0	9,2	7,4	7,4
24	8,5	7,5	8,5	40,5	24,0	40,5	27,3	19,0	12,0	9,2	7,4	7,4
25	8,5	7,5	7,9	40,5	40,5	43,8	24,0	19,0	12,0	9,2	7,4	7,4
26	8,5	7,4	7,9	35,0	40,5	46,0	24,0	19,0	10,8	9,2	7,4	7,4
27	8,5	7,4	7,9	35,0	40,5	46,0	24,0	19,0	10,0	8,9	7,4	7,4
28	8,5	7,4	9,2	29,5	41,6	46,0	35,0	12,0	8,9	8,9	7,4	7,4
29	8,5		12,0	35,0	43,8	40,5	32,8	12,0	8,1	8,9	7,4	7,4
30	8,5		12,0	35,0	43,8	37,2	29,5	12,0	7,6	8,9	7,4	7,4
31	8,5		12,0		43,8		24,0	12,0		8,9		7,4
Se	269,8	214,1	251,0	748,8	812,6	1290,7	1001,4	713,5	414,4	311,5	228,4	227,6 = 6483,8

Gesamtabflußmenge des Jahres 1902 =
$6483{,}8 \times 86\,400$ sek $= 560{,}20$ Mill. cbm.

$$\text{Jährliche Abflußhöhe} = \frac{560{,}2 \text{ Mill. cbm}}{520 \text{ Mill. qm}} = 1080 \text{ mm.}$$

Tafel 10.

im Jahre	Gesamtabfluß	Jährl. Abflußhöhe
1902	566,2 Millionen cbm	1080 mm
1903	556,65 „ „	1070 „
1904	478,20 „ „	920 „
1905	606,96 „ „	1170 „
1906	581,63 „ „	1120 „
1907	709,60 „ „	1360 „

ANuG 732: Lawaczeck, Wasserkraftausnutzung, 2. Aufl.

50 A. Feststellung der verfügbaren Wassermenge

Abb. 7. Wassermessung am Überfallwehr.

c) Überfallwehr. Solange es mit billigen Mitteln möglich ist, in den Bach ein Wehr einzubauen, über das die ganze Wassermenge geleitet werden kann, mißt man damit. Mit einem solchen Überfall= wehr lassen sich die Wassermengen sehr bequem und genau messen. Die Abb. 7 zeigt, wie bei der Messung vorzugehen ist.

Das Wehr ist an einer Stelle anzulegen, an welcher die Strömung möglichst gering ist. Die Überfallkante A wird zugeschärft. Ebenso die Seitenkanten, die den Wasserstrahl fassen. Zwei bis drei Meter vor der Überfallkante ramme man einen Pflock ein, dessen Oberkante C in der Wagerechten mit der Überfallkante B liegt. Man hat nun die Höhe des Wasserspiegels über dem Pflock zu messen, um daraus die Geschwin=
digkeit des Wassers im Strahlquer= schnitt berechnen zu können.

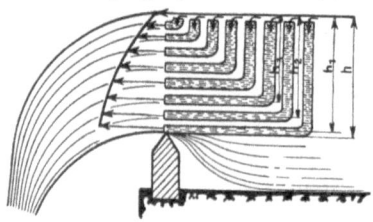

Abb. 8. Fallgeschwindigkeitsschema.

Die Geschwindigkeit des Wasser= strahles über seine Höhenerstrek= kung ist verschieden, weil auf jedem Punkt eine verschiedene Fallhöhe h_1, h_2, h_3... lastet, wie man sofort erkennt, wenn man sich das durch= strömende Wasser durch Knierohre

1. Natürliche und künstliche Seen

abgefangen in diesen strömend denkt (Abb. 8). Das Wasserteilchen fällt die Höhe h herunter und muß deshalb die dem Fall entsprechende Energie in Geschwindigkeit aufgenommen haben. Der Vorgang ist umgekehrt wie beim Pitotrohr. Dort setzt sich die Geschwindigkeit in Druckhöhe um, hier die Druckhöhe in Geschwindigkeit. Wenn die Fallhöhe h bekannt ist, kennt man also die Geschwindigkeit jeder Schicht, wenn noch die Geschwindigkeit bekannt ist, mit der das Wasser im Wasserspiegel, für den die Fallhöhe Null ist, dem Wehr zufließt.

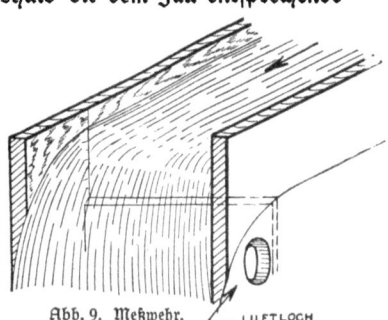

Abb. 9. Meßwehr. LUFTLOCH

Aus diesen längs der Höhenerstreckung verschiedenen Geschwindigkeiten läßt sich nach feststehender Formel eine Durchschnittsgeschwindigkeit errechnen, die mit dem Strahlquerschnitt, der auszumessen leicht ist, vervielfältigt die Wassermenge in der Zeiteinheit liefert. Man wird die Beobachtung machen, daß die Strahlbreite nicht genau gleich der Wehrbreite ist, sondern kleiner, da der Strahl sich an den Kanten zusammenzieht. Das Maß, um welches diese Zusammenziehung erfolgt, ist im allgemeinen bekannt, sodaß das Ausmessen des Wehrquerschnitts genügt.

Hat man Gelegenheit, die Überfallkante in einem Gerinne einzubauen, so läßt sich die seitliche Zusammenziehung des Strahles vermeiden. Mißt man derart, so ist darauf zu achten, daß Luft unter den Wasserfall gelangen kann, weil sonst die dort eingeschlossene Luft vom Wasser mit fortgenommen wird und das sich bildende Vakuum die Fallgeschwindigkeit des Wassers stark ändert (Abb. 9).

B. Regelung des Abflusses.

1. Natürliche und künstliche Seen. Kleinere Flußläufe und Bäche sind in der Regel in noch höherem Maße von dem Wetterwechsel und den Jahreszeiten abhängig, als das Beispiel der Isar zeigt, wenn sie nicht etwa Abflüsse von Seen sind, die ein natürliches Ausgleichbecken bilden, das sich selbst bei großen Flüssen stark bemerkbar machen kann. Der Oberrhein z. B. zeigt nach dem Durchfluß durch den Bodensee, der mit anderen im Einzugsgebiet liegenden Seen eine Fläche von

etwa 1200 qkm bedeckt, eine bemerkenswert gleichförmige Wasser=
führung, die die Ausnützung natürlich begünstigt.

In den meisten Fällen sind natürliche Ausgleichbecken wie der
Bodensee nicht vorhanden. Dann müssen sie künstlich geschaffen werden.
Durch Ziehen eines Dammes zwischen mehr oder weniger ansteigenden
Talflanken wird das Kraftwerk aufgestaut, so daß sich ein Weiher
oder See bildet. Deren Umfang muß nach dem Zweck verschieden groß
gemacht werden. Manchmal genügt es, das über Nacht abfließende
Wasser aufzufangen, um den Tageszufluß zugleich im gleichmäßigen
Strom verbrauchen zu können. Die Inhalte solcher Stauweiher sind
dann verhältnismäßig klein. Größere Weiher werden notwendig, wenn
etwa der Wochenbedarf aufgespeichert werden soll. Solcher Weiher
finden sich eine ganze Reihe im Harz. Die Silberseen bei Clausthal
sind künstliche Seen; sie geben der dortigen Landschaft einen besonde=
ren Reiz und wohl nur wenige der Naturschwärmer wissen, daß sie
da Wasserkunst vor sich haben. Will man gar das Schwanken der
Wassermengen innerhalb verschiedener Jahreszeiten ausgleichen, so
müssen schon Stauseen gebildet werden, die man dann, wenn auf der
Hochfläche nahe dem auszubauenden Fluß Seen schon vorhanden sind,
diesen anschließen wird, deren Wasserspiegel sich damit erhöhen wird.

Der Wasserspiegel eines zum Ausgleich benutzten Sees wird nach
den Jahreszeiten verschieden hoch liegen. Das ist beim Entwurf sehr
genau zu beachten und gegebenenfalles zu sorgen, daß nicht größere
Landstrecken etwa im Sommer aus dem Wasser auftauchen und ver=
sumpfen, wofür die Gefahr vorliegt, wenn die Uferstrecken zu flach
sich in den künstlich gehobenen See hinein erstrecken. Dann müssen
aus Gesundheitsrücksichten sowohl wie der Schönheit wegen Steilufer
aus Mauern gebildet oder die Uferstrecken mit Schotter und Geröll
befestigt werden — häufig recht kostspielige Arbeiten. Die Größe der
Staubecken richtet sich nach der aufzuspeichernden Wassermenge.

Als Beispiel für einen solchen See sei wieder auf den Walchensee
verwiesen. Da der Zufluß des Jsarwassers, das in Stollen durch die
Berge geleitet wird, gemäß den Angaben der Tafeln 9 und 10 stark
schwanken wird, der Abfluß aber tunlichst gleichmäßig erfolgen soll,
ist ein Schwanken des Seespiegels unvermeidlich. Mit Rücksicht auf
die Landschaft ist festgesetzt worden, daß diese Schwankung in der
ersten Ausbaustufe 3,5 m nicht überschreiten soll. Dieses ist also die
Speicherhöhe für den ersten Ausbau; bei den Verhältnissen des Walchen=

sees entspricht ihr 57 Mill. cbm Speicherraum. Die Isar hat im Jahres=
mittel einen Wasserabfluß von 582 Mill. cbm. Wenn man diese im
Walchensee restlos ausgleichen wollte, wie für späteren Ausbau vor=
gesehen, so wäre ein Speicherraum von 234 Mill. cbm erforderlich,
für dessen Schaffung der Seespiegel um 14,2 m abgesenkt werden
müßte. Hier träte der Fall ein, daß flache Uferstrecken aus dem Wasser
kommen und besonders behandelt werden müßten. Je tiefer man
den See abzusenken erlaubt, desto vollständiger können auch die Spitzen
der Wasserführung der Isar ausgenutzt werden, desto größer wird
die dauernd in der Sekunde aus dem See entnehmbare Wassermenge.
Diese stellen sich bei den verschiedenen Speicherhöhen wie folgt:

Speicherhöhe	Ausgeglichene Kraftwassermenge cbm/sec
19,0	28,6
18,5	28,3
14,5	27,0
13,4	24,0
6,5	14,5
3,5	11,75

Die Hochwasserspitzen bleiben natürlich in dem alten Flußbett zurück,
schon weil die Stollen sonst so groß werden müßten, daß sie sich nicht
bezahlt machen könnten. Da die Isar von Gletschern kommend im
Hochsommer das meiste Wasser führt, wäre der Walchensee im Sommer
gefüllt, der Einwand, der gegen das Werk laut wurde, es verschan=
delte die Naturschönheit, ist also nicht haltbar.

2. Talsperren. Häufig genug kommen Fälle vor, da der auszu=
bauende Fluß auf der Sohle eines von steilen Hängen eingefaßten
Tales fließt. Dann kann man dies Tal durch einen Damm sperren
und das Wasser hinter ihm aufspeichern. Es entstehen dann Seen oft
von großer landschaftlichen Schönheit (Abb. 10 die Solinger Talsperre).
Je höher man den Staudamm führt, desto größer wird der Stau=
inhalt der Becken, desto gewaltigerem Wasserdruck hat die Mauer stand=
zuhalten. Da die Mauer von nichts anderem gehalten wird als von
ihrem Eigengewicht, mit dem sie auf dem Boden ruht, muß das Ge=
wicht der Mauermassen der Stauhöhe, dem Staudruck des Wassers
entsprechen, sonst wird die Mauer weggeschoben; es werden demnach
bei großen Stauhöhen außerordentlich dicke Mauern nötig, die nach
oben abnehmen und oben an der Mauerkrone häufig noch von solcher

Abb. 10. Solinger Talsperre.

2. Talsperren

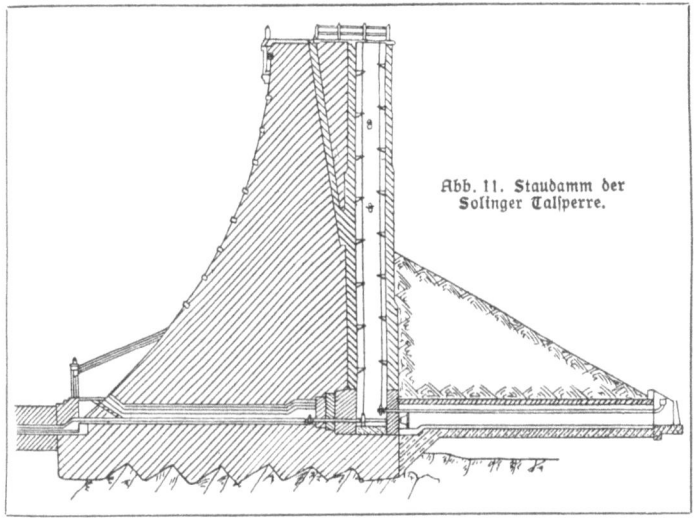

Abb. 11. Staudamm der Solinger Talsperre.

Stärke sind, daß man Fahrwege darüber führt. (Abb. 11, die den Mauerquerschnitt der Solinger Sperre zeigt.) Diese Anlagen werden außerordentlich teuer und würden für Kraftgewinnungszwecke allein sich in den seltensten Fällen lohnen. Ihr Hauptzweck ist gewöhnlich ein anderer, entweder das Hochwasser abzufangen und die Talanwohner vor Hochwasserschäden zu bewahren oder Wasserhaltungen für große Kanäle zu schaffen oder für künstliche Bewässerung großer Länderstrecken zu dienen. Talsperren sind besonders unter Führung des Professors Intze in Deutschland in den letzten 20 Jahren in großer Anzahl gebaut worden. 3. B. die Urfttalsperre in der Eifel, die Eschbachtalsperre bei Remscheid, die Talsperren in den Tälern der Ennepe, Vollme, Ruhr und Wupper, die Talsperren von Mark Lissa in Schlesien und viele andere.

Der Stauraum der Talsperren wird in der Regel auf etwa 40 bis 50% des mittleren Jahresabflusses bemessen, falls Ausgleich über mehrere hintereinander folgende trockene Jahre angestrebt wird, geht man bis 65%, 3. B. Möhnetalsperre, muß aber auch dieses Maß gelegentlich noch überschreiten.

Eine der größten Talsperren Europas ist die der Eder im Wal-

56   B. Regelung des Abflusses

deckschen, die in erster Linie (als Wasserhaltung) für die Wasserregelung der Weser dient, deren Wasser für den Rhein-Elbe-Kanal gebraucht wird. Bei dem Bau dieser Talsperre mußten ganze Dörfer preisgegeben werden, deren Einwohner von der Regierung anderswo angesiedelt werden mußten. Die Talsperre hat einen Inhalt von 202 Mill. cbm, gestattet nebenbei die Gewinnung von 18000 PS und sollte etwa 20 Mill. ℳ kosten. Die Talsperrenkosten allein würden also für jede PS schon mehr als 1000 ℳ betragen. Das Niederschlagsgebiet des Beckens ist 1430 qkm groß. Die jährliche Regenhöhe beträgt im Mittel 838 mm. Die Abflußmenge erreicht nahezu 600 Mill. cbm im Jahr. Die Höhe der Staumauer ist 48 m; in der Sohle ist sie 35 m, in der Krone 5 m stark.

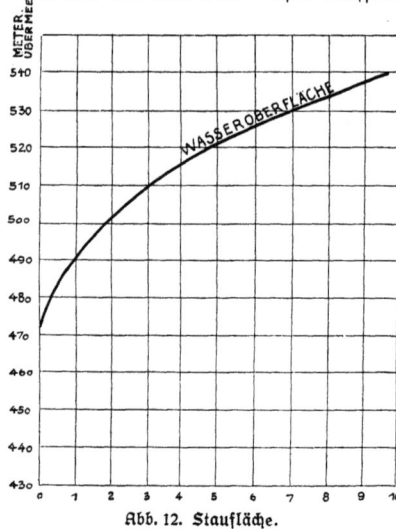

Abb. 12. Staufläche.

Das Überfluten ganzer Dörfer bildet natürlich für den Ausbau von Talsperren eine besondere Erschwerung, die dort, wo die Siedelung gering und das Land keinen Wert hat, wie in Mexiko, Texas und Colorado, wegfällt, so daß in solchen Ländern die größten Talsperren entstanden sind. Die großen amerikanischen Talsperren sind von der Natur noch deshalb begünstigt, weil sie an Flüssen angelegt sind, die auf der großen Hochebene, die die Verbindung der südamerikanischen Kordilleren und des nordamerikanischen Felsengebirges durch Mittelamerika und Mexiko hindurch bildet, sich tief eingegraben haben, die berühmten „Cannons" bildend. Das sind tiefe Täler mit steilen nahe einanderstehenden Talhängen leicht durch eine Sperrmauer zu schließen.

Die wahrscheinlich höchste Talsperre liegt in den Pyrenäen. Der Noguera-Pallaresa-Staudamm, ein Betondamm von 82 m Höhe, dient lediglich zur Gewinnung von Kraftwasser. Außerordentlich günstige Umstände ermöglichten den Bau. Der Fluß hatte sich tief in beiderseits des Tales aufragende Felsen eingegraben, die an einer Stelle

2. Talsperren

nahe zusammentraten. Dort konnte das Tal leicht durch den verhältnismäßig kleinen Staudamm verschlossen werden. Je höher der Staudamm geführt wird, desto größer wird der Stauinhalt des Beckens, desto größer die Wasseroberfläche. Beide Größen pflegt man sich bildlich in ihrer Abhängigkeit von der Stauhöhe aufzutragen (Abb. 12 u. 12a), indem man auf einem Achsenkreuz nach der einen Seite die Höhe, nach der anderen die zugehörigen Werte des Stauinhalts und der Wasseroberfläche einträgt. Abb. 12a zeigt demgemäß, daß bei einer Stauhöhe von 540 — 460 = 80 m der gesamte Stauinhalt 225 Mill. cbm beträgt,

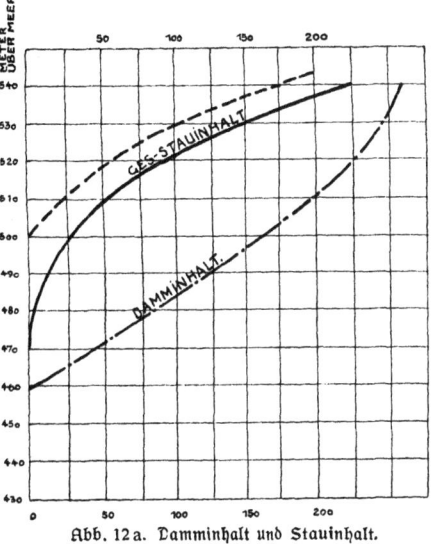

Abb. 12a. Damminhalt und Stauinhalt.

also noch kleiner ist als der Speicherinhalt des Walchensees bei 14 m Speicherhöhe. Die aufgestaute Fläche beträgt nach Abb. 12 rund 10 qkm. Die Staumauer verbrauchte 250000 cbm Beton, und es ist bemerkenswert, daß es sich als lohnend erwies, hierfür eine Betonfabrik an der Talsperre selber zu errichten, da vorzügliche Rohstoffe in der Nähe der Baustelle gefunden wurden. Die Herbeischaffung des Betons von der 90 km entfernten Eisenbahnstation hätte das Unternehmen erheblich verteuert. Die Regenmengen in den Pyrenäen betragen in der Höhe von 1500 m 1600—1800 mm, also ebensoviel wie in den bayerischen Alpen und etwa 3 mal soviel wie in Mitteldeutschland. Jedoch verteilen sich die Niederschläge auch nicht annähernd gleichmäßig über das ganze Jahr, sondern fallen vorwiegend im Frühjahr und Herbst, wo sie in Wolkenbrüchen niedergehen. In dem Sommer ist daher das Wasser knapp im Gegensatz zu den deutschen Alpenflüssen, die von Gletschern gespeist werden. Aus dem plötzlichen Auftreten großer Wassermengen folgt, daß eine einträgliche Kraftwasserwirtschaft nur möglich wird durch den Ausbau von Talsperren, die das Wasser auffangen.

Da der Bruch eines Staudammes einer Talsperre ein entsetzliches Unglück sein würde, durch das Leben und Gut ganzer Städte und Dörfer vernichtet werden könnte, sind für die Errichtung der Talsperren in Deutschland besondere Gesetzesvorschriften erlassen, die alle jene Einrichtungen vorschreiben, durch die Nachteile und Gefahren für andere verhütet werden. Im Sinne dieses Gesetzes sind Talsperren solche Stauanlagen, bei denen die Höhe des Stauwerkes von der Sohle des Wasserlaufes bis zur Krone mehr als 5 m beträgt und das Sammelbecken bis zur Krone mehr als 100000 cbm umfaßt.

C. Herstellung der Fallhöhe.

1. Talsperren. Wir sahen früher, daß die Energie eines Wasserlaufes nicht durch die Wassermenge allein bestimmt wird, es ist auch eine Fallhöhe vonnöten. Diese Fallhöhe liegt gleich dem Kraftwasser in brauchbarer Gestalt auch nur in den seltensten Fällen vor.

Bei den Talsperren ergibt sich die Fallhöhe durch die Anlage des Staubeckens (Abb. 13). Im Fuße der Staumauer wird eine Rohrleitung verlegt, die das Wasser zum Turbinenhaus führt, dort steht dann das Wasser unter dem Druck, den die Höhe des Wasserspiegels über der Rohrleitung bedingt. Zu diesem Druck kommt dann noch als ausnutzbares Gefälle dasjenige, das sich vom Turbinenhaus bis zum Unterwasserspiegel ergibt, so daß das Gesamtgefälle dem Unterschied der beiden Wasserspiegel entspricht. Die Fallhöhen, die durch Talsperren erzeugt werden, überschreiten bisher in keinem Fall 100 m. Meist sind sie erheblich geringer. Die Edertalsperre z. B. ergibt eine Fallhöhe von 47 m, die Talsperre bei Heimbach in der Eifel 70 m.

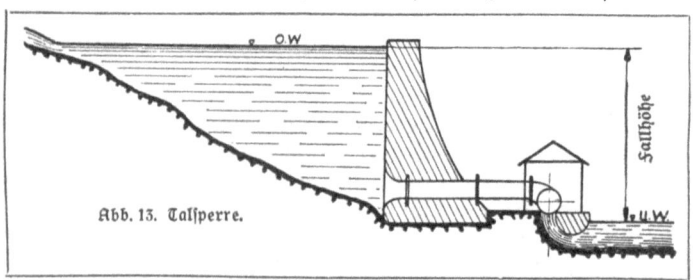

Abb. 13. Talsperre.

2. Stauseen

2. Stauseen. Bei Stauseen ergibt sich die Fallhöhe ebenso als der Unterschied zwischen dem Seespiegel und dem Unterwasser; hier wird eine längere Rohrleitung zur Zuführung des Wassers vom See zur Turbine erforderlich (Abb. 14.)

Der Höhenunterschied zwischen dem Punkt, an dem das Unterwasser in den Flußlauf zurücktritt, und dem Stauspiegel heißt auch das Rohgefälle. Da sowohl für Durchfluß der Leitungen zur Überwindung der Reibung oberhalb der Turbinen wie zum Abfluß aus der Turbine und zum Fortleiten in das Unterwasser Fallhöhe verbraucht wird, ist die der Turbine zur Verarbeitung überlassene Fallhöhe kleiner als das Rohgefälle. Der Unterschied zwischen beiden bedeutet Verlust, den man möglichst einschränken wird. Die Fallhöhenverluste werden um so kleiner, je größer man die Querschnitte der Rohrleitung und der Abflußgräben wählt, desto teurer werden jedoch die Anlagen. Das wirtschaftlich Beste ist in jedem Fall besonders zu errechnen.

Die Stauseen, die naturgemäß im Hochgelände liegen, ergeben erheblich größere Fallhöhen als die Talsperren. Vorhin ist der Walchensee erwähnt worden

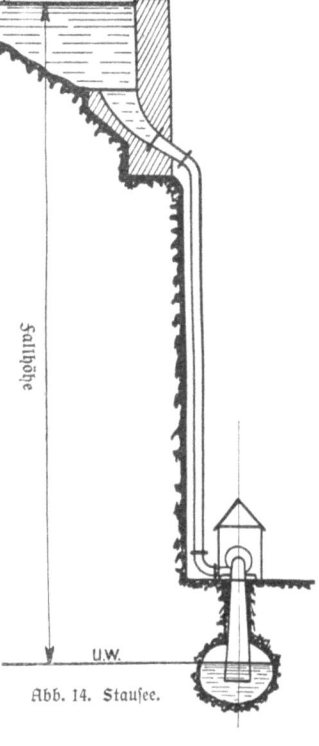

Abb. 14. Stausee.

als Stausee größten Stils. Seine unübertrefflich günstige Ausnutzbarkeit ist dadurch gegeben, daß in seiner unmittelbaren Nachbarschaft — 1900 m entfernt — der Kochelsee liegt, dessen Spiegel 200 m tiefer liegt. Um das Wasser des Walchensees, der durch die Isar immer wieder gefüllt wird, in den Kochelsee abfließen zu lassen, werden zwei mächtige Stollen gebaut, die den trennenden Gebirgsstock, den Kesselberg, durchbrechen. Dort, wo der Stollen auf der Kochelseeseite mündet, also auf der steilen Felswand 200 m über dem Seespiegel, wird ein Wasserschloß gebaut, von dem mäch=

60 C. Herstellung der Fallhöhe

Abb. 15. Kraftwerk Salto de Bolarque.

tige Rohrleitungen das Wasser zum Krafthaus hinunterführen. Solche Krafthäuser pflegt man seitlich an die Rohrstränge zu legen, derart, daß bei einem Rohrbruch die Wassermassen an dem Haus vorbeischießen würden, anstatt es wegzuschwemmen. Der Kochelsee entsendet heute die Loisach zu Tal, die natürlich zur Weiterleitung der verbrauchten Walchenseewässer entsprechend ausgebaut werden muß. Würde man die Loisach ausbauen und die Wasser der Isar über den Würmsee nach Grünwald führen, so würde sie insgesamt 1 000 000 PS hergeben können. Diesen weiteren Schritt zieht der erste Schritt des Walchenseekraftwerkes wohl einmal nach sich. Das Walchenseekraftwerk wird bei einer sekundlichen Wassermenge von 18 cbm/sec und der Fallhöhe von 200 m 38 000 PS dauernd leisten. Des Nachts ist der Strombedarf nur gering, infolgedessen werden von der durchschnittlich verfügbaren Wassermenge mindestens 10 cbm/sec im Walchensee zur Nachtzeit zurückgehalten, so daß mit 28 cbm/sec den Tag über gerechnet werden kann, also eine Durchschnittsleistung von 56 000 PS gewonnen wird. Da die Maschinen den geringsten Anteil an den Entstehungskosten haben, ist es zweckmäßig, noch weitere Maschinen aufzustellen, die vorübergehend aus dem ungeheuren Speicherraum be-

2. Stauseen

Abb. 16. Kraftwerk Rjukanfos.

dient werden können, damit das Kraftwerk eine weit größere Leistung vorübergehend abgeben kann, wenn die Verbrauchsspitzen im Eisenbahnbetrieb, wozu das Kraftwerk herangezogen werden soll, das nötig machen. In der Tat wird das Werk an Maschinenleistung 120000 PS bekommen.

In Abb. 15 ist das Kraftwerk Salto de Bolarque gezeigt. Bei Bolarque, etwa 100 km östlich Madrid tritt der Tajo mit starkem Gefälle aus der Ebene aus. Hier wurde das Kraftwerk angelegt, das mittels Hochspannungsfernleitung von 50000 Volt die Stadt Madrid mit Kraft und Licht versorgt. Durch Aufführung einer großen Staumauer ließ sich eine Fallhöhe von rund 30 m gewinnen. Vom Stausee wird das Wasser in einen offenen etwa 400 m langen Kanal zu dem Wasserschloß oberhalb des Kraftwerkes geführt, aus welchem es durch kurze Rohrleitung den Turbinen zufließt, von denen vier zu je 3500 PS Normalleistung und 4800 PS Maximalleistung aufgestellt sind. Die Maschinen laufen mit 480 Umdrehungen und sind mit den Drehstromgeneratoren unmittelbar gekuppelt.

Eines der bedeutendsten Kraftwerke der Neuzeit, unter verantwortlicher Führung deutscher Ingenieure erbaut, ist das Kraftwerk Rjukanfos in Telemarken in Norwegen (Abb. 16). Ein Teil des Wasserfalles wird vor seinem Absturz in einem Stausee gesammelt, von wo es durch mächtige Rohrleitungen zum Kraftwerk geführt wird, deren Maschinen zu je 14500 PS Einzelleistung zusammen 260000 PS leisten. Die Wasserkraft wird zum Antrieb von Stromerzeugern benutzt, deren Strom zur Verbrennung von Luftstickstoff verwandt wird, um davon Norge Salpeter zu erzeugen. Das Werk arbeitet nach dem Verfahren von Bjerkeland & Eyde und war von der Badischen Anilin- und Sodafabrik in Ludwigshafen geleitet, bis kurz vor dem Kriege das gewaltige Werk in französische Hände überführt wurde.

Eine der größten Fallhöhen, die überhaupt bisher ausgenutzt sind ist die des Kraftwerkes Adamello in Lago d'Arno (Abb. 17). Das Bild zeigt die gerade Rohrleitung, die die Energie von 36000 effektiven Pferdekräften zum Krafthaus leitet und ein Gefälle von 925 m ausnützt. Das höchste überhaupt hisher ausgenutze Gefälle ist 1650 m.

3. Flüsse und Bäche. Derart bequem ausnutzbare von der Natur dargebotene Fallhöhen besitzt Deutschland nicht. Die bei weitem größere Anzahl aller Turbinenanlagen haben vielmehr sauer erarbeitete Fallhöhen von wenig eindrucksvoller Größe: 5—25 m sind am häufigsten anzutreffen. Bei uns zu Lande muß durch viel Mühe und Arbeit die Fallhöhe dem Flußlauf abgerungen werden und ein Wasserfall erst künstlich erzeugt werden, will man einen Bach oder Flußlauf ohne natürlichen Wasserfall zur Kraftleistung heranziehen. Jeder Flußlauf stellt im Allgemeinen eine schiefe Ebene, auf der das Wasser herunterrutscht, dar, wie in Abb. 18 übertrieben dargestellt. Die Neigung dieser schiefen Ebene ist sehr verschieden und erreicht bei Flüssen, die noch eben trotz des Stromes schiffbar sind, ein Gefälle von etwa 2 m auf 1 km Flußlänge, während 3 und mehr Meter Gefälle auf 1 km bei Gebirgsflüssen vorkommen, und als sehr starkes Gefälle angesehen werden. Flachlandflüsse fallen im Durchschnitt 0,6 m auf 1 km und im Mündungsgebiet nur mit 5 mm auf jedes Kilometer. Die schiefe Ebene des Flußwasserspiegels ist also im allgemeinen sehr viel stärker geneigt als es zum Fortschaffen der Wassermassen nötig wäre. Das eben macht man sich zunutze zur Erzeugung eines künstlichen Wasserfalles.

Man sperrt an einem Punkte den Wasserlauf durch ein Wehr ab, und ordnet hinter diesem den Einlauf in einen Kanal oder Graben an, der nun mit möglichst wenig Gefälle längs des Flusses, womöglich so, daß er Krümmungen abschneidet, geführt werden muß. Bevor der Kanal wieder in den Fluß einmündet, muß er folglich über

Abb. 17. Kraftwerk Adamello.

C. Herstellung der Fallhöhe

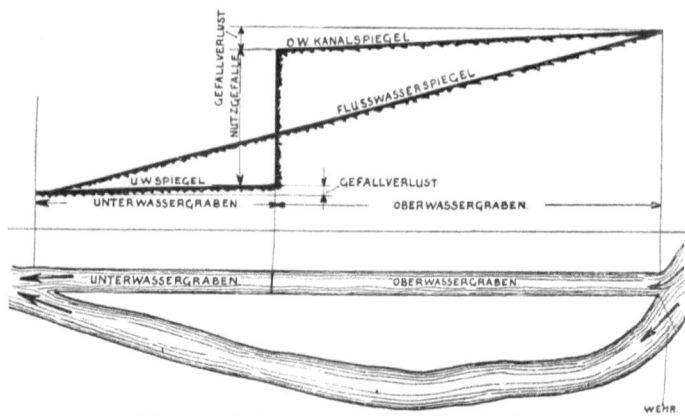

Abb. 18. Fallhöhengewinnung bei Bächen und Flüssen.

eine Gefällstufe fallen an der das Wasserrad oder die Turbine aufgestellt wird. (Abb. 18).

Bis zu dem künstlichen Wasserfall muß der Wasserspiegel des Kanals über dem Gelände gehalten werden, es müssen Dämme aufgerichtet werden; hinter dem Wasserfall liegt der Kanalspiegel tiefer als der Flußwasserspiegel (der Graben muß ausgeschachtet werden), wenn auch noch höher als dort, wo er in den Fluß wieder einmündet. Der Kanalspiegel ist in der Abb. 18 ebenfalls eingetragen. Ober- und Unterwassergraben nennt man die beiden durch das Wasserrad getrennten Grabenstücke. Es ist klar, das man weder Ober- noch Unterwassergraben ganz ohne Gefälle wird bauen können. Von dem Rohgefälle, wie man den Höhenunterschied zwischen Einlauf und Mündung des Kanals nennt, hat man die für die Wasserbewegung nötigen Gefälle des Ober- und Unterwassergrabens abzuziehen, um die für die Wasserkraftmaschine zur Verfügung stehende Fallhöhe zu erhalten.

Es ist klar, das man bestrebt sein muß, das Verlustgefälle tunlichst klein zu halten. Früher war es üblich, den Kanal mit einem Gefälle von $1/2$ m auf 1 000 m zu erbauen. Bei einem Fluß mit einem Gefälle von 2 : 1000 erhielt man damit auf jedes km Flußlänge ein Nutzgefälle von $2 - 1/2 = 1 1/2$ m. Der Verlust durch das Spiegelgefälle des Kanals betrug also 25 % und um eine Fallhöhe von 15 m zu erhalten, hatte man einen Kanal von 10 km zu bauen. Je größer

3. Flüsse und Bäche

man also das Verlustgefälle zuläßt, desto länger und teurer wird der Kanal werden müssen, wenn man ein bestimmtes Nutzgefälle festhält. Je kleiner indessen das Kanalgefälle gewählt wird, desto langsamer bewegt sich das Wasser in ihm. Die bestimmte zur Verfügung stehende Wassermenge verlangt also umso größeren Kanalquerschnitt, d. h. größere Baukosten, größere Kosten für Landerwerb — der Gewinn an Fallhöhe wird schließlich deshalb zu teuer bezahlt werden müssen, die Wirtschaftlichkeit hört auf. Man wird also zwischen den beiden äußersten Möglichkeiten sich bewegen müssen, um das wirtschaftlich vorteilhaftere zu verwirklichen.

Leider haben die Mehrzahl unserer Flüsse nur schwaches Gefälle, d. h. weniger als 1 : 1000. Die Seitenkanäle, die zur Ausnutzung solcher Flußläufe angelegt werden müssen, müssen also mindestens 8 bis 10 km lang sein. In Frage kommen bei solch kleinen Gefällen, den „Niederdruckgefällen", nur Flüsse mit schon beachtenswerten Wassermengen, da sonst die Leistung zu gering würde. Legte man sie wie bisher üblich mit einer Neigung von $1/2$ m auf 1000 m Kanallänge an, so verschlingt der Kanal offenbar bereits 50 % von dem Rohgefälle des Flusses. Man kann leicht einsehen, daß bei der Teuerkeit der Kanalbauten ein solcher Verlust nicht mehr ertragen werden kann, daß also die Wasserkraft eines Mainflusses oder des Rheins an sich wertlos ist, und daß alles darauf ankommt, die Fallhöheneinbuße in Seitenkanälen geringer zu gestalten. Man scheut die Kosten nicht und betoniert die Seitenkanalwände. Die glatte Wandung gestattet das Wasser mit erheblich geringerem Verlust bei gleicher Geschwindigkeit fortzuführen, genau so wie ein Lastfuhrwerk auf angeschüttetem Kiesboden nur mit großem Kraftaufwand, auf asphaltierter Straße aber spielend leicht fortbewegt werden kann. Während in Erdkanälen 40—50 cm Gefälle auf je 1000 m Kanallänge nötig sind, um das Wasser weiterzudrücken, genügen bei Betonkanälen 5—8 cm Gefälle. Hallinger macht in der Verarbeitung dieses Gedankens darauf aufmerksam, daß z. B. an der unteren Isar bisher eine Fallhöhe von 44 m gewonnen wurde, während bei Anwendung von glatten Kanälen 83,4 m gewonnen werden könnten. Entsprechend dem Gefällegewinn steigt auch die Kraftleistung von 44 650 PS auf 84 000 PS bei angenähert gleichem Bauaufwand für die betonierten Kanäle.

Wenn man nach dieser Erkenntnis sich die Wasserkräfte unseres Landes ansieht, findet man, daß sie sehr erheblich größer sind, als unsere frühere Tabelle angibt (der Reichtum des Landes an Wasserkräften ist eben steigerbar mit der Höhe der Ingenieurkunst und würde um ein vielfaches wachsen, wenn die Ausbaubeschränkung durch den unserem Gelde anhaftenden Zins wegfiele) die die schwer zu fassenden Wasserkräfte der mäßig geneigten Flüsse nicht berücksichtigt. Diese Schätze sind nur im Großbetrieb zu heben. Nicht darf es gestattet werden, daß irgend ein Privatmann eine besonders günstige Strecke für sich aus dem Fluß herausschneidet, daß dann eine gewisse Flußstrecke unausgenutzt bleibt und dann wieder ein Stück benutzt wird. Nein, die Ausnutzung muß nach einem großzügigen Plane erfolgen. An der höchsten Stelle wird ein Wehr eingebaut für den Seitenkanal. Ein Kanal begleitet den Fluß dann auf die ganze auszunutzende Flußstrecke und an diesem Kanal werden die Krafthäuser eingebaut, so daß der Oberwasserkanal des einen Kraftwerkes der Unterwasserkanal des vorangehenden ist. Die Entfernung je zweier Krafthäuser hat auch nicht willkürlich zu erfolgen, sondern nach wohlerwogenem Plane, so daß der Gestehungspreis für 1 PS ein Minimum wird. Es ist wiederum ein Verdienst des schon mehrfach erwähnten Münchener Ingenieurs Hallinger hierfür eine Methode angegeben zu haben. Die Überlegung ist folgende: Je länger der Seitenkanal bis zu einem Krafthaus wird, desto größer wird das gewonnene Gefälle und folglich auch die zu gewinnende Anzahl der Pferdekräfte. Der Seitenkanal erhebt sich aber mit seiner Wasseroberfläche immer höher über das Gelände heraus. Die Dämme, die das Wasser halten, müssen also immer höher werden und damit sie dem Wasserdruck standhalten können, immer dicker. Die Raummenge zu bewegender Erde und damit der Kostenbedarf steigt zuerst langsam, dann in immer rascherem Maße an, stärker als die Nutzfallhöhe und die gewinnbare Leistung an Pferdekräften. Man kann von Fall zu Fall den Kostenbeitrag des Kanals für jede gewonnene Pferdekraft, für jedes Meter der Kanallänge ermitteln. Dabei hat man aber zu bedenken, daß das Krafthaus trotz steigender Leistung und das sehr teure Wehr nur wenig teurer wird, daß also deren Beitrag für eine Pferdekraft bei steigender Leistung d. i. steigender Kanallänge geringer wird. Folglich werden die Gesamtkosten für die Pferdekrafteinheit zunächst mit längerem Kanal kleiner, bis sie bei zu starkem Anstieg der Kanalkosten wieder steigen. Die für diesen Punkt ermittelte Länge ist die günstigste; mit dieser Länge muß der Seitenkanal für das erste Krafthaus ausgeführt werden.

3. Flüsse und Bäche

Die Abstände von Krafthaus zu Krafthaus ermitteln sich nach gleichem Verfahren.

Auf solche Weise hat Hallinger einen Plan zur Ausnutzung des Oberrheins entwickelt. Der Rhein hat von Basel bis Straßburg ein Gefälle von 107,6 m. Die nutzbare Fallhöhe, die dem Rheinstrom abgewonnen werden kann, berechnet sich zu 100,4 m bei Vollwasser und zu 105 m bei Niedrigwasser, ergiebt also eine Gefällausbeute von 94 bis 98 %. Die Wassermenge, die dem Rhein entnommen werden kann, ergibt sich aus den jahrzehntelangen Wasserbeobachtungen zu 600 cbm/sec. Der Kanal erhält dafür je nach Tiefe eine Breite von 73 bis 100 m. Die mittlere Jahreskraftleistung ermittelt sich bei 78 % Nutzeffekt der Turbinen und einer im Mittel zur Verfügung stehenden Wassermenge von 572 cbm/sec zu

$$Ne = \frac{572 \times 100{,}4 \times 1000 \times 0{,}78}{75} = \sim 600\,000 \text{ PS,}$$

die in zusammen sieben Krafthäusern gewonnen werden könnten.

Nun führt der Rhein an etwa 80 Tagen im Jahr weniger als 600 cbm/sec, wenn er auch an etwa 200 Tagen mehr als 100 cbm/sec führt. An jenen 80 Tagen wäre das Rheinbett nach Ausführung des Kanals trocken! Es ist klar, daß das die Uferanwohner nicht zulassen würden. Ferner ist selbstverständlich, daß der Schiffahrt Rechnung getragen werden müßte. Der Werkkanal müßte auch für Schiffahrt geeignet gemacht werden. Schiffahrtinteressen sind aber denen der Kraftausnutzung entgegengesetzt. Während eine möglichst hohe Stromgeschwindigkeit für den Werkkanal zur Vermeidung der Eisbildung nötig und zur Schaffung eines möglichst kleinen und billigen Kanalquerschnitts zweckmäßig ist — für den Werkkanal also etwa 1,5 m/sec Stromgeschwindigkeit gefordert werden muß, sind für wirtschaftliche Schiffahrt 0,3 m/sec noch eben zulässig, d. h. der Kanalquerschnitt müßte fünfmal so groß werden. Der Rheinkanal müßte anstatt 100 m etwa 200 m breit und entsprechend tiefer werden, wobei dann im Winter Eisschwierigkeiten den Betrieb der Kraftwerke stören würden. Im allgemeinen verlangt die Schiffahrt genügende Tiefe, dann aber auch wieder genügende Breite, die umso größer gewählt werden muß, je größer die Stromgeschwindigkeit gewählt wurde, da für Ausweichen, Schleppzüge, Anlagen usw. mehr Platz zur Verfügung stehen muß. Auch die Halbmesser der Krümmungen vergrößern sich bei großer

C. Herstellung der Fallhöhe

Stromgeschwindigkeit lediglich der Schiffahrt wegen. Die größere Breite führt aber zu teueren Erdarbeiten, größeren Erwerbskosten für Grund und Boden und großen kostspieligen Brückenweiten. Eine Anpassung der Schiffahrt an die Werkkanäle würde gelegentlich bei Verringerung der Schiffsgrößen möglich sein, meist werden sich jedoch solch kleine Schiffsgrößen ergeben, daß die Schiffahrt wieder unwirtschaftlich wird. Fast nie wird ein Seitenkanal die Doppelaufgabe als Kraftquelle und als Verkehrsweg zu dienen erfüllen können. Gelänge es diese Aufgabe zu lösen, der Gewinn an Nationalvermögen wäre unabsehbar.

Die Kraftgewinnung aus schiffbaren Flüssen stößt auch hinsichtlich der Maschinenanlage auf Schwierigkeiten. Die Fallhöhen, die sich bei der Regulierung der Flüsse ergeben, sind nur sehr klein. Bei großer Wasserführung kann zwar eine solche Gefällstufe bedeutende Energien enthalten, aber nicht jede Fallhöhe ist hinreichend zum Betrieb einer Wasserkraftmaschine. Je höher das Wasser, das einer Turbine zur Verfügung steht, herunterfällt, desto schneller wird es beim Einfluß in die Turbine fließen können, desto mehr Wasser wird ein gewisser Querschnitt des Rades in der Sekunde verarbeiten können, desto rascher wird das Wasser ein Wasserrad umlaufen lassen, desto größere Arbeit wird es in der Sekunde verrichten. Je rascher aber ein Rad umläuft, desto geringer wird seine Kraftanstrengung sein müssen, um gleiche Arbeit in jeder Sekunde zu verrichten. Je geringer aber die Kraftwirkungen, desto leichter kann die Maschine gebaut werden, desto billiger wird sie, desto weniger Zinsen frißt sie. Umgekehrt, je langsamer sich die Maschine bewegt, desto schwerer und teurer muß sie werden. Zu geringe Fallhöhen machen auch die größten Wasserkräfte wertlos, weil die Maschinen wegen ihres notgedrungen langsamen Laufes zu groß, zu kostspielig würden. Schnellbetrieb ist Wirtschaftlichkeit. Am unangenehmsten macht sich die langsame Umlaufszahl am Stromerzeuger bemerkbar, weil dessen Kosten für jedes Kilogramm aufgewendetes Material mindestens doppelt so hoch sind wie für die Turbinen. Man könnte die Umlaufszahl der Stromerzeuger wohl erhöhen, wenn man die Wassermenge auf viele Turbinen unterteilte, die Leistung einer einzelnen Maschine also beschränkte. Damit würde indessen nichts gewonnen, weil die elektrischen Maschinen bei kleiner Leistung für jedes Kilogramm einen höheren Preis beanspruchen und schließlich auch das Gesamtgewicht nicht nennenswert verkleinert würde. Je größer man die Einheiten wählt, desto billiger wird jede Pferdestärke. Damit ist der Zwang für möglichst große Einheiten gegeben. Die Unterteilung in möglichst viele Einzelräder, die gruppenweise als Zwilling, Doppelzwilling usw. einen Stromerzeuger antreiben, verbilligt zwar die Maschinen, führt aber auch keine nennenswerte Verbilligung der Gesamtanlage herbei, da die Kosten für den Wasserbau erheblich steigen. So kommt man denn dazu, Zwischenübertragung zwischen Turbine und Stromerzeuger vorzusehen, indem man die Turbine mit einem mächtigen Kegelrad kuppelt, in dessen Zähne ein zweites bedeutend kleineres Zahnrad eingreift, mit dessen bedeutend vergrößerter Umlaufzahl dann der Generator betrieben wird. Auch kann man mehrere Kegelräder auf eine Generatorenwelle arbeiten lassen; die Kegelradübertragung ist indessen bei so großen Einheiten, wie sie hier in Frage stehen, sagen wir von Einheiten über 2000 PS ab nur als Notbehelf anzusehen. Die Zahnräder verlangen außerordentlich genaue Herstellung, sind deshalb fast unbezahlbar, und haben dabei immerhin mit einem Kraftverlust von 5—6% zu rechnen. Der bisher wenigstens unvermeidbare Lärm ist ein weiterer Hinderungsgrund und schließlich ist die Übersetzungsmöglichkeit eng begrenzt. Es darf ferner heute noch als Wagnis angesehen werden, wenn man Leistungen von mehr als 2000 PS mit Übersetzung ins Rasche durch Zahnräder übertragen will. Dennoch sind einige Flußwasserkraftanlagen mit Zahnradübertragung ausgeführt, z. B. beim Main und in der Weser. Eine endgültige Lösung sind diese nicht. Die Umlaufszahl des Generators ist trotz der Übersetzung durch die Zahnräder noch viel zu klein. Ausgezeichnet bei diesen Anlagen war das Sichbeschränken auf ein einziges Turbinenrad an jeder Maschine, trotzdem die Abmessungen dieses einen Rades nahezu 5 m Durchmesser erreichte.

Für die heute übliche Bauart liegt die unterste Fallhöhe, die man bei Wassermengen über 20 cbm/sec in einer Maschine noch wirtschaftlich ausnutzen kann, bei etwa 3 m. Wählt man den Durchfluß für eine Turbine größer, so steigt die Mindestfallhöhe, wenn auch in geringerem Grad, so daß bei 150 cbm/sec etwa 7 m als unterste Grenze anzusehen wären. Diese Verhältnisse ergäben eine Turbine für 12000 PS mit Raddurchmessern von etwa 5 m und einem Gewicht von 700—800000 kg. Der Generatordurchmesser ergäbe sich zu mindestens 7 m Durchmesser und dieses ungeheure Rad drehte sich mit einer Umlaufzahl von höchstens 60 Umläufen in

C. Herstellung der Fallhöhe

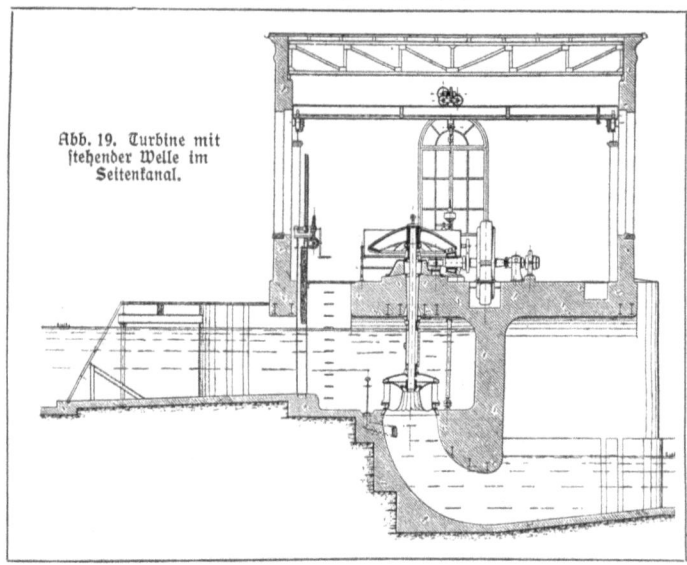

Abb. 19. Turbine mit stehender Welle im Seitenkanal.

der Minute. Eine solche Maschine liegt an der Grenze des heute technisch Möglichen. In wirtschaftlicher Hinsicht sind die Grenzen des Zweckmäßigen bereits überschritten.

Die größte Wasserkraftanlage in Deutschland, die ihre Fallhöhe durch Seitenkanäle längs eines Flusses gewinnt, ist die der Mittleren Isar. Dicht unterhalb Münchens wird das Wehr gebaut, vor dem der Seitenkanal zur Entnahme bis zu 150 cbm/sec abzweigt. Über die Gefällstufen bei Finsing, Auftirchen, Eitting und Pfrombach führt der etwa 35 km lange Kanal, der bei Moosburg wieder in die Isar mündet. In jedem der drei letztgenannten Kraftwerke wird eine Fallhöhe von 25 m in 4 Turbinen von je 45 cbm/sec Schluckfähigkeit ausgenutzt. Obwohl die Fallhöhen schon ansehnlich sind und sich hinlänglich weit von der vorhin angegebenen Ausnutzungsgrenze fernhalten, mußte die Umlaufszahl der Turbinen auf $166 \frac{2}{3}$ festgestellt werden. Gelänge es, die Umlaufszahl nur auf 250 zu steigern, könnte an den Kosten für die Generatoren 70% erspart werden. Sehr interessant ist bei der Mittleren Isar, der Umstand, daß wohl zum ersten Male Grundwasser gezwungen wird, Arbeit zu verrichten.

3. Flüsse und Bäche

Der das Erdinger Moos durchfließende Grundwasserstrom wird durch einen langen Damm abgefangen, und in den Oberwasserkanal geleitet. So werden weite Flächen des heute wegen der Versumpfung durch den Grundwasserstrom fast wertlosen Geländes, das „Erdinger Moos", als Kulturland gewonnen und außerdem die Kraftausbeute der Mittleren Isar gesteigert. Insgesamt ergeben die Kraftwerke der Mittleren Isar, die 1924 in Betrieb kommen werden, eine durchschnittliche Ausbeute von 75000 PS; zur Spitzendeckung werden 140000 PS eingebaut.

Bei Erzeugung der Fallhöhe durch Seitenkanäle ergibt sich der Einbau der Turbinen nach Abb. 19 und 20, siehe ferner auch Abb. 51, 52. Fallhöhengewinnung durch Seitenkanal ist übrigens die bei Mühlenrädern übliche.

Die Abb. 20 u. 21 zeigen das Kraftwerk I bei Trostberg a. Alz. Man sieht den Oberkanal und das quer zu demselben gebaute Krafthaus. Es nutzt eine Wassermenge von 71 cbm/sec bei 5 m Gefälle in drei Turbinen von je 800 PS aus. Im Verhältnis zur geringen Fallhöhe laufen die Turbinen mit großer Umlaufszahl, nämlich 107 U/m die immerhin schon genügen, um die Drehstromgeneratoren unmittelbar zu kuppeln. Das Kraftwerk dient zur Erzeu-

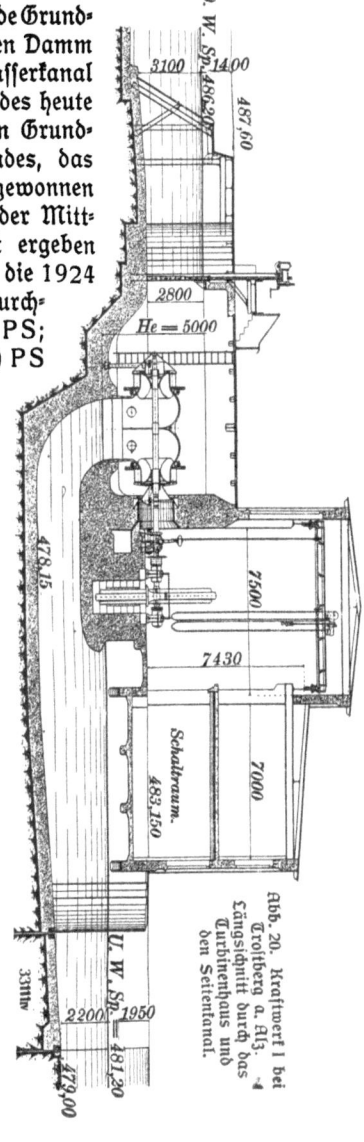

Abb. 20. Kraftwerk I bei Trostberg a. Alz. Längsschnitt durch das Turbinenhaus und den Seitenkanal.

Abb. 21. Kraftwerk I bei Trostberg a. Alz.

Abb. 22. Karbidwerk Lechbruch.

3. Flüsse und Bäche 73

Abb. 23. Kraftwerk in Trachtering a. Alz.

gung von Kalkstickstoff. Abb. 20 zeigt den Längsschnitt durch die Turbinenkammer.

Ein fast genau gleich großes Werk ist auf Abb. 22 abgebildet, das Karbidwerk Lechbruck. Man sieht auf den Unterwassergraben und das Krafthaus, neben dem man den Freilauf erkennt. Das Werk nutzt 5 m Gefälle aus und verarbeitet 40 cbm/sec. Es sind ebenfalls 4 Maschinen aufgestellt, die indessen nur 65 Umläufe in der Minute machen. Diese Turenzahl wäre zu langsam für unmittelbare Kupplung, weshalb Kegelräder zwischen Turbine und Drehstromgenerator eingeschaltet werden mußten. Man sieht den Nachteil der niederen Umlaufzahl, wobei noch zu bemerken ist, daß sich der Wirkungsgrad beider Turbinen ungefähr genau gleich, nämlich 82% ergeben hat.

Kraftwerk Trachtering a. Alz zeigt Abb. 23 vom Unterwasserkanal aus gesehen. 18 m Gefälle erzeugen 12000 PS in 5 Maschineneinheiten bei 300 Umläufen in der Minute.

Die durch die im Verhältnis zur Wassermenge zu kleine Fallhöhe gezogene Grenze der Ausführungsmöglichkeit der Turbinen stellt manche geplante Großkraftwasserstraße in Frage. Denn diese uns bei unserer Kohlennot so bitter nötigen Großschiffahrtswege können ihr Anlagekapital nur dann verzinsen, wenn zugleich die großzügigste Kraftausnutzung damit verbunden wird, und die ist sehr schwierig, solange die Fallhöhen so klein sind, wie sie sein müssen,

C. Herstellung der Fallhöhe

um durch den Stau die Interessen der Flußanlieger nicht zu verletzen und der Schiffahrt kein allzu zeitraubendes und unüberwindliches Hindernis zu sein. Bei dem auf S. 67 mitgeteilten Plan der Ausnutzung des Oberrheins zwischen Basel und Straßburg wird man der Ausführungsgrenze der Turbinen schon bedenklich nahekommen, wenn sie nicht schon überschritten ist. Das gleiche wird bei einzelnen Kraftstufen des vom Reich und Bayern zur Ausführung beschlossenen Großschiffahrtsweges zwischen Main und Donau der Fall sein. Dieser Kanal verläßt das Maintal bei Bamberg, steigt über Fürth auf die Wasserscheide bis in die Höhe von 405 m ü. d. M. und senkt sich dann, die Altmühl benutzend, zur Donau ab, die bei Kelheim auf einer Höhe von 337,7 m ü. d. M. erreicht wird. Der Gesamtanstieg vom Main bis zur Scheitelhaltung beträgt 174,2 m, der Abstieg zur Donau 67,5 m. Im Maingebiet von Bamberg bis Aschaffenburg würden 80 bis 140 cbm/sec ausgenutzt, die etwa 45 000 PS ergeben. In der Altmühl sollen bei 15 cbm/sec etwa 3000 PS gewonnen werden und endlich soll die kanalisierte Donaustrecke etwa 52 000 PS liefern. Insgesamt fallen also bei diesem Kanalbau 100 000 PS ab. Das ist nicht genug um die großartige Anlage zu verzinsen. Nun hat die eigentliche Kanalstrecke von Bamberg über die Scheitelhaltung bis Kelheim für den Schleusenbetrieb und um die Verdunstung und Versickerung auszugleichen, einen Wasserbedarf von 25 cbm/sec. Dieses Wasser muß in der Scheitelhaltung zugeführt werden. Es auf die Höhe, etwa aus der Altmühl hinaufzupumpen, kostete ungeheuerliche Energiemengen. Man geht deshalb bis zu einem auf gleicher Höhenlage wie die Scheitelhaltung liegenden Fluß und führt aus diesem das benötigte Wasser in einem Zubringekanal durch eignes Gefälle heran. Ein solcher Fluß findet sich erst jenseits der Donau: die Wasserbeschaffung erfolgt aus dem Lech! Durch einen 89 km langen Kanal wird das Wasser über die Donau und dem Höhepunkt des Kanals zugeführt. Dieses Wasser fällt bis zum Main eine ganz erhebliche Höhe hinab, da die Energie aber beim Auffüllen der Schleusen zur Hebung der Schiffe größtenteils verbraucht wird, bleibt für Kraftgewinnung trotz des insgesamt so großen Gefälles nicht mehr viel übrig. Bei Fürth sollen etwa 10 000 PS gewonnen werden. Dieses durchaus nicht befriedigende Ergebnis veranlaßt Hallinger zu folgendem außerordentlich interessanten Vorschlag: „Anstatt 20 cbm/sec soll man die gesamte

4. Die Herstellung der Fallhöhe durch Umformer

verfügbare Wassermenge des Lechs, im Durchschnitt 100 cbm/sec, in die Scheitelhaltung des Kanals und von da ab in den Main schicken. Heute verläßt das Lechwasser die Reichsgrenze bei Passau auf einer Höhe von 290 m ü. d. M. während der Main auf einer Höhe von 82 m in den Rhein fließt. Durch Überführung des Lechwassers in den Main würde man also an Gefälle ein Mehr von 208 m gewinnen. Insgesamt würde der Lech eine Fallhöhe von 343 m bekommen. Damit wird eine Wasserkraftleistung, die nach dem bisherigen Stand der Energieausbeute in Südbayern 60000 bis 75000 PS betragen würde, unter Miteinbeziehung des Mains auf eine mittleren Jahresleistung von 480000 PS gesteigert. Anstelle nur eines Teiles im wasserkraftreichen Südbayern wird die große Kraft in Franken am Main-Donau-Kanal und dem Main entlang bis zum Rhein stufenweise voll in einem kraftbedürftigen Gebiet neugeschaffen und ausgenützt." Mit der Gewinnung dieser Großkraft wäre die Wirtschaftlichkeit des Main-Donau-Kanals gesichert. Bei der Beurteilung dieses großartigen Gedankens, dessen Wucht sicherlich alle Bedenken, ungerechtfertigte und gerechtfertigte, bei Seite schieben wird, ist zu bedenken, daß auf andere Art so gewaltige Energiemengen bisher nicht auf solch weite Strecken wirtschaftlich fortgeleitet werden können, die elektrische Fernübertragung versagt, wie auf S. 40 und vorher ausgeführt ist. Der alte Kampf zwischen hydraulischer und elektrischer Kraftübertragung, den viele längst zugunsten der Elektrizität entschieden glaubten, lebt wieder auf. Hier ist ein Beispiel, bei dem gerade durch die große Entfernung auf Hunderte von Kilometern die hydraulische Übertragung den Vorrang bekommt. Es gibt aber auch genügend Fälle, wo auf kleine Entfernung hin die hydraulische Kraftübertragung der elektrischen vorzuziehen ist, dann, wenn etwa ein Strom in tiefer Felsschlucht eingeengt nirgendswo Platz bietet zur Unterbringung der elektrischen Krafterzeugung. Wenn bei niederem Gefälle, wie vorhin ausgeführt, die Turbinen und Generatoren solch gewaltige Abmessungen verlangen, gewährt die hydraulische Kraftübertragung ein sehr einfaches Mittel, den elektrischen Apparat so zu vereinfachen, daß unter allen Umständen genügend Platz für eine Unterbringung vorhanden ist oder in unmittelbarer Nähe gefunden werden kann.

4. Die Herstellung der Fallhöhe durch Umformer. Man denke sich in dem Wehr, das durch den Stau des Flusses eine Fallstufe erzeugt, eine Reihe von Röhren eingesetzt, soviele, daß durch diese

Röhren das gesamte Flußwasser hindurchfließen kann und nichts mehr über das Wehr geht, denke sich weiter, in jeder dieser Röhren ein Turbinenlaufrad, das durch den Durchfluß des Wassers getrieben wird, mit der Welle dieser Turbine jedoch nicht etwa einen elektrischen Generator, sondern eine Kreiselpumpe gekuppelt (siehe Abb. 24). Kreiselpumpen sind im Aufbau genau der Turbine gleich; treibt man eine Turbine umgekehrt an, wie das Wasser sie treiben würde, so ist die Turbine ohne irgendwelche Änderung eine Kreiselpumpe geworden, die das Wasser aus dem Unterwasser ins Oberwasser hebt. Wo man Überschußstrom hat, macht man nachts hie und da Gebrauch von dieser Umkehrungsmöglichkeit und pumpt einen Teil des Tags über abgeflossenen Wassers nachts wieder zurück. Die Kreiselpumpe, die also auf der Welle einer jeden im Wehr eingebauten Turbine sitzt, wird nun je nach ihren Abmessungen das Wasser auf verschiedene Höhe zu drücken vermögen. Wählen wir die Abmessungen der Pumpe so, daß sie Wasser auf die zehnfache Höhe der Turbinenfallhöhe zu heben vermag, so kann sie natürlich nur $1/10$ der Wassermenge, die die Turbine schluckt, bewältigen. Und auch diese nicht ganz, denn es entstehen Reibungsverluste. Diese verringern die Förderleistung. Wenn wir nun nur durch die erste der Wehrpumpen Wasser aus dem Flusse ansaugen und dieses Wasser nach dem Durchgang durch die erste Pumpe der zweiten Pumpe zu drücken, so erhöht die zweite Pumpe den Druck auf das Doppelte der ersten Pumpe, mit diesem doppelten Druck der dritten Pumpe zugeführt, steigt der Wasserdruck auf das dreifache. Lassen wir dasselbe Wasser hintereinander zehn Pumpen, die alle mit der gleichen Umlaufzahl vom Flußwasser angetrieben werden, durchfließen, so erhöhen wir stufenweise den Druck des Wassers auf das Zehnfache der Drucksteigerung einer Pumpe und da wir diese Drucksteigerung der ersten Pumpe auf das zehnfache der Turbinenfallhöhe vorausgesetzt haben, so würde, durch diese Anordnung von zehn von Turbinen getriebenen Pumpen hintereinander in dem letzten Pumpendruckstutzen ein Druck gleich dem hundertfachen der Fallhöhe, unter der die Turbinen arbeiten, entstanden sein. In dem Druckrohr flösse $1/10$ der Wassermenge, die eine Turbine schluckt, also $1/100$ der Wassermenge, die der Fluß führt. Verluste wieder vernachlässigt. Wir haben also die im Flusse vor dem Wehr vorhandene Energie, die durch großes Q und kleines h gekennzeichnet ist, in veränderter Gestalt in hohem Druck H und kleiner Wassermenge q

4. Die Herstellung der Fallhöhe durch Umformer

wieder erhalten, so daß $Qh = qH$ ist. Wir haben Niederdruck in Hochdruck, niedergespannten Strom in hochgespannten umgewandelt, wir werden also jede der im Wehr eingebauten Pumpturbinen hydraulische Umformer nennen dürfen. Mit dem auf solche Weise in Hochdruck umgewandelten Niederdruck des Flusses sind wir nicht mehr wie vor dem an den Platz gebunden. Die kleine Hochdruckrohrleitung, die nunmehr die gesamte Flußenergie enthält, können wir an beliebige Stellen des Flusses führen, die sich für Anlage der Stromerzeugungsstätte eignet, oder wir können auch das Generatorhaus unmittelbar auf dem Wehr errichten. Die elektrische Stromerzeugung wird nun ganz außerordentlich billig. Erstens wird von den teuren Stromerzeugern nur ein einziger für jedes Wehr nötig, gleichgültig wie groß die Wassermenge des Flusses ist, und zweitens wird dieser eine mit beliebig hohen Umlaufzahlen angetrieben werden können, mit den gleichen, mit denen man die Dampfturbodynamos anzutreiben pflegt, also mit 1000 oder 1500 U/min oder wenn man will gar mit 3000. Den Druckstutzen der letzten Pumpe läßt man nämlich unmittelbar in eine Düse münden, die den Strahl austreten läßt, eine Becherturbine, die einfachste und wegen des hohen Druckes schnellste Turbine, die denkbar ist, anzutreiben. Die Umformer selbst sind ebenfalls außerordentlich einfache Maschinen, können ohne Bedienung laufen, können aber auch der Bedienung zugänglich, in einem Wehrgang aufgestellt werden wie Gehäusespiralturbinen. Die Umformer werden in solchen Größen wie sie am billigsten werden hergestellt und können in Reihen fabriziert werden. Ihr Preis für jedes Kilogramm Gewicht wird also verhältnismäßig niedrig und da das Gewicht wegen des unmittelbar möglichen Zusammenbaus von Turbine und Pumpe ganz bedeutend kleiner wird, als das gleiche Wassermengen schluckender Großturbinen (einschl. Rohrgewicht stellt sich das Gesamtgewicht einer Umformeranlage auf etwa 15 bis 25% der Großturbinenanlage ohne Generator), so wird die Umformeranlage sehr viel billiger als die Großturbinenanlage bei gleicher Fallhöhe. Die Grenzen der Ausbauwürdigkeit der Niederdruckkräfte werden damit erheblich erweitert.

Den Hauptvorteil der Umformer sollte man in der Ersparnis der Kraft-Kanalkosten erblicken. Denn die Seitenkanäle werden nahezu ganz überflüssig. Man spart somit sowohl die Grunderwerbskosten, sowie die Streitigkeiten, die immer mit der Verlegung der Flußbetten und deren Trockenlegung verknüpft sind. Man könnte den Einwand machen, daß die Umformung diesen wenn auch großen Vorteil doch mit zu großen Energieverlusten erkaufte; freilich sind die Verluste nicht klein. 30% der in die Umformer hineingeschickten Energie gehen verloren, nur 70% finden sich in der Hochdruckleitung wieder. Durch die Ersparnis an Anlagekosten allein könnte diese Einbuße nur selten wettgemacht werden. Es ist indessen zu bemerken, daß der Seitenkanal das Rohgefälle auch nicht restlos den Turbinen zur Verfügung stellt. Bis 10% Verlust darf für die Reibung im Kanal angesetzt werden. Vor allem aber kann und darf der Seitenkanal nur in den seltensten Fällen die gesamte Wasserführung des Flusses aufnehmen. Eine Restwassermenge muß in dem Flußbett bleiben, und diese Restwassermenge bedeutet einen Verlust, der bei Niedrigwasser sicherlich 30% überschreiten kann. Die Umformer verarbeiten jeden Wassertropfen, der den Fluß herunterkommt, sie sind wegen ihrer beliebig weit durchführbaren Unterteilung weit anpassungsfähiger an die wechselnden Wasserführungen des Flusses als es Großturbinen sind. Bei planmäßigem Ausbau eines Flusses mit Umformeranlagen kann aus diesem deshalb im Laufe eines Jahres eine größere Energie herausgeholt werden, als bei dem heute noch üblichen Ausbau mit Seitenkanälen, der um vielfaches teurer ist. Dr. Rümelin, nach dessen Plänen die Mittlere Isar ausgebaut wird, hat auf meine Anregung hin einen Gegenvorschlag zu dem Hallingerschen Rheinprojekt ausgearbeitet. Die Franzosen haben inzwischen nicht aus wirtschaftlichen sondern aus politischen Gründen das Hallingerprojekt aufgegriffen und erweitert, indem sie aus dem Fluß anstatt 600 cbm/sec gar 800 cbm/sec herausnehmen wollen. Rümelin schlägt vor, den Rhein zwischen Basel und Straßburg mit einer solchen Anzahl von Wehren zu versehen, wie sie notwendig sind, den Oberrhein als Schiffahrtsstraße durchzubilden, diese Wehre alsdann als Umformerwehre, wie eines im Querschnitt die Abb. 24 zeigt, auszubilden, auf der einen Rheinseite die Schiffahrt=Schleuse, auf der anderen das Krafthaus zu setzen, in dem je zwei bis drei Generatoren von je 50 000 PS aufzustellen wären. Auf diese Weise würden auf der ganzen Strecke etwa 1 500 000 PS gewonnen werden, bedeutend mehr, als das französische Projekt vorsieht. Anstatt daß eine gewaltige Fläche besten Kulturlandes im Elsaß für den Seitenkanal geopfert werden müßte, würden bei dem Ausbau des Rheins als Staffelfluß etwa 300 qkm Ufergelände der Kultur erschlossen. Die Kilowattstunde stellte sich bei dem Staffelflußausbau erheblich geringer, die Ren=

4. Die Herstellung der Fallhöhe durch Umformer 79

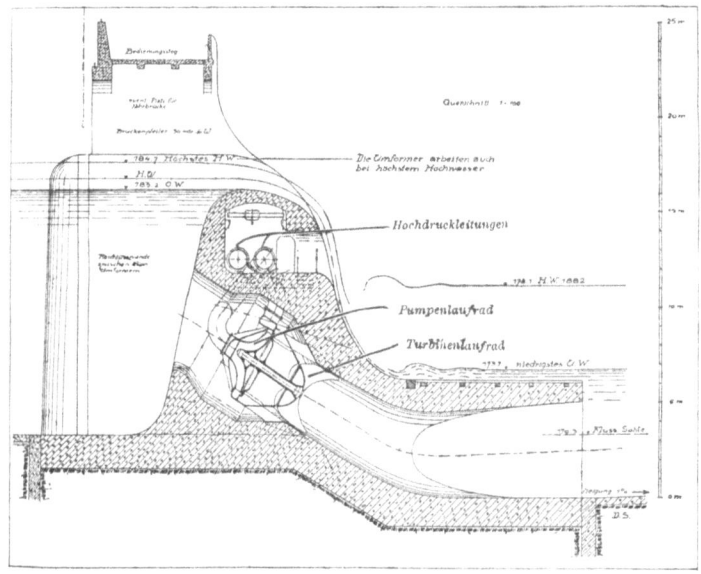

Abb. 24. Umformerwehr.

tabilität unvergleichlich viel höher. Alles das wiegt aber nicht soviel, wie die Tatsache, daß der Oberrhein nach dem französischen Plane so gut wie vernichtet wäre, nach unserem erhalten bliebe.

Bei der großen Teilnahme, die wir an dem Schicksal des Rheines haben müssen, mögen hier die Ergebnisse der Rümelinschen Untersuchung über die beiden Kraftnutzungsarten mitgeteilt werden. Siehe Taf. 11.

Ist die Fallhöhe, die sich bei dem Flußausbau ergibt, groß genug, daß Großturbinen in Frage kommen, so wird die Einbuße der 30% Energie durch Umformer nicht gerechtfertigt werden können. Man wird bei restloser Ausnutzung folgende Anordnung wählen. Die im ganzen Jahr vorhandene Wassermenge wird in Turbinen mit allerbesten Wirkungsgrad verarbeitet, wobei die Herstellungskosten gleichgültig sind. Die über dieses dauernd vorhandene Wasser anfallende Wassermenge wird auf schnellaufende Turbinen mit schlechterem Wirkungsgrad, aber billigerem Preise, und Umformer verteilt. Letztere gestatten wegen ihrer Billigkeit Wassermengen noch auszunützen, die

C. Herstellung der Fallhöhe

Tafel 11.

Projekt	Seitenkanal		Umformer Rümelin-Lawaczeck
	Hallinger	Franzosen	
Ausbaumenge cbm/sec	600	800	1100 bis 2400 bei Hochwasser
Elektrische Jahresarbeit Milliarden KwStd.	3,3	3,78	5,04
Baukosten Milliarden Mark Preisbasis August 1920	1,95	2,24	1,80
Gestehungspreis der KwStd. Pfennig	4,7	4,7	2,95
Jahresrente Millionen Mark	28	28	188
Allgemeines	Geringer Schiffahrtsnutzen. Schädigung der Landeskultur		Großer Schiffahrtsnutzen. Heben der Landeskultur.

nur wenige Wochen im Jahr zur Verfügung stehen. Geht man an den Ausbau heran, so baut man die Umformeranlage zuerst, denn deren Bauzeit ist $1/3 - 1/4$ der Bauzeit der Großturbinen und man kommt deshalb schon sehr viel früher in beträchtlichen Stromgenuß, zumal man ja während der Bauzeit Wasserüberfluß hat. Und solange Wasserüberschuß vorhanden, spielt der geringe Nutzeffekt der Umformer keine Rolle.

Die Wasserbewegung durch Ebbe und Flut stellt geradezu märchenhafte Energiemengen dar. Diese riesigen Kräfte sind noch völlig unbenutzt, weil die zu bewältigenden Wassermassen zu groß sind im Verhältnis zur Fallhöhe. Der Umformer gestattet die Ausnützung, da Wasser im Überfluß vorhanden ist, die Wirkungsgradeinbuße auszugleichen. Damit ist das bisher unüberwindlich scheinende Hindernis gefallen. Es bleibt nur noch übrig, eine Anzahl Becken bei Flut voll zu füllen, eine andere bei Ebbe vollständig zu entleeren und die gefüllten Becken in der Zwischenzeit durch eine Gruppe von Umformern hindurch zeitlich verschoben, in die geleerten Becken ausfließen zu lassen,

4. Die Herstellung der Fallhöhe durch Umformer 81

derart, daß die Umformer ständig voll und nahezu mit gleichmäßiger Druckhöhe beaufschlagt sind. Aus jedem qkm Beckenfläche sind an unseren Küsten 4—6000 PS gewinnbar. Die Maschinenkosten treten durch die Umformung in den Hintergrund. Die ausschlaggebenden Beckenkosten wachsen mit dem Umfang, die Nutzleistung der Becken mit dem Quadrat des Umfanges, also steigt die Nutzleistung jedes Meters Beckendamm mit dem Beckenumfang und die Kosten für jede erzielte Pferdekraft sinken im gleichen Maße. Bei genügender Größe der Anlage wird also die Meeresflut den elektrischen Strom weit billiger liefern können als die Alpen.

Die erste Stromerzeugungsanlage mit hydraulischen Umformern wird inmitten der Stadt München in der Isar errichtet und im Sommer 1921 in Betrieb kommen.

D. Die Leitung des Kraftwassers.

Die Anlagen, wie sie für Gewinnung und Regelung der Betriebswassermenge und der Gefälle nötig sind, verschlingen bei weitem den größten Teil der Anlagekosten eines Wasserkraftwerkes, erst recht eines neuzeitlichen Großkraftwasserwerkes. Die Maschinenkosten treten in Hintergrund. Das Wasser wird also irgendwo auf der Höhe abgefangen und entweder in offenen Kanälen oder, im Hochgebirge häufig, in druckfesten Stollen zu dem sogenannten Wasserschloß geführt, hier in eiserne Röhren gefaßt, in steiler Bahn manchmal auch durch Schächte, die im gewachsenem Felsen eingesprengt sind, bis zur Turbine geführt.

Die Flüsse im Hochgebirge führen erhebliche Mengen an Geröll und Geschiebe mit sich, z. B. die Isar im Jahr 40 000 cbm, die durch Nebenbäche herbeigeschafft werden. Es ist eine recht schwierige Aufgabe, die Kanäle und Stollen vor Verstopfung durch diese Geschiebe zu bewahren. Die hierzu erforderlichen Maßnahmen verlangen häufig genug die Verbauung der Wildbäche, damit deren Ufer geschont werden und das Wasser geschiebefrei bleibt. Bevor man daran ging, die Mittlere Isar auszubauen, wurden in Modellen, die die Wirklichkeit in verkleinertem Maßstab wiedergaben, die Gesetze der Schiebeführung untersucht und die zweckmäßigste Bauart der Kanaleinführung, Geschiebedurchlässe usw. festgestellt. Wenn das auch Zehntausende kostet, Hunderttausende werden so erspart.

Auch die Anlage einer mehrere Kilometer langen Druckleitung ist keine Kleinigkeit. Die Rohre haben häufig einen sehr erheblichen Druck auszuhalten, bei den Anlagen mit 900 und 1000 m Gefälle, 90 bis 100 at, da 10 m Wassersäule auf 1 qcm aufgebaut 1 kg wiegen und 1 at den Druck von 1 kg auf 1 qcm bedeutet. Ein Druck von nahezu 100 at ist nicht so leicht zu beherrschen; die Dichtungen an den Verbindungsflanschen oder Muffen erfordern äußerste Sorgfalt in der Konstruktion und bei der Herstellung. Ferner müssen die Rohre am Boden fest verankert werden und dennoch so beweglich sein, daß die Längenänderung, die die fortgesetzt wechselnde Temperatur erzwingt, stattfinden kann. Ohne Temperaturausgleichstücke würde jede Rohrleitung zerreißen, zum mindesten undicht werden, man muß sich vorstellen, daß ein Rohrstrang von 1 km Länge im Hochgebirge in der Nacht sich um $1/2$ m verkürzt; einen Temperaturunterschied von 50^0 vorausgesetzt, der durch die unmittelbare Sonnenstrahlung leicht bewirkt werden kann.

III. Maschinen.

A. Die Wirkung des Wasserstrahls.

Stoßarbeit eines Wasserstrahls und stoßfreier Übertritt auf eine bewegte Schaufel. Gewichtswirkung. Wenn ein Wasserstrahl eine Platte trifft, so übt er auf diese Platte eine Druckkraft aus, die um so größer ist, je größer die Geschwindigkeit ist, mit der der Strahl auf die Platte auftrifft, leistet jedoch keine Arbeit, solange die Platte unbeweglich festgehalten wird, denn eine Arbeit entsteht allemal erst, wenn sich zur Kraft eine Bewegung, ein Weg, gesellt. Erst wenn die Platte sich in Richtung des ankommenden Strahles, also in Richtung der Druckkraft fortbewegt, so kann sie bei dieser Bewegung, den Widerstand bis zu der Größe der Druckkraft überwindend, Arbeit leisten. Ist der Widerstand kleiner als die Druckkraft des Strahles, so wird die Bewegung der Platte schneller, die Aufprallgeschwindigkeit und damit die Druckkraft kleiner, bis schließlich bei dem Widerstand Null die größtmögliche Geschwindigkeit der Platte erreicht ist und die Platte genau ebenso schnell wie der Strahl sich bewegt. Dann hört aber die Druckkraft auf, weil die Platte dem Strahl ja ausweicht, streng genommen berührt der Strahl die schnell zurückgezogene Platte nicht mehr, die Arbeit, die die Platte leisten kann, ist dann Null. Während die Platte also von einer Geschwindigkeit Null bis zu derjenigen des Strahles fortschreitet, muß zunächst ihre Arbeitsleistung wachsen, bis ein Größt-

4. Die Herstellung der Fallhöhe durch Umformer

wert erreicht wird, dann wieder sinken bis zu Null. Der Höchstwert der Arbeitsleistung wird gerade dann erreicht, wenn die Platte mit halber Strahlgeschwindigkeit ausweicht. Befestigt man eine Reihe von Platten in einem Radkranz, den man in fließendes Wasser eintauchen läßt, so hat man damit die älteste Form des Wasserrades, das Stoßrad. Bemißt man das Stoßrad so, daß sein Umfang etwa die halbe Geschwindigkeit des Wassers hat, erzielt man die größte Arbeitsleistung.

Wenn die Schaufeln in das Wasser mit der halben Geschwindigkeit des Wassers eintauchen, so erfahren sie einen Stoß im Moment der Berührung, da das von der Schaufel gefaßte Wasser plötzlich auf die Hälfte seiner Geschwindigkeit, in der Bewegungsrichtung betrachtet, gezwungen wird. Dieser Stoß bedeutet einen erheblichen Energieverlust. Man hat dem Abhilfe gebracht, indem man die geraden Schaufelbretter durch gekrümmte ersetzte, deren Krümmung so berechnet wird, das sie ohne Stoß in das Wasser eintauchen. Daß das möglich ist, mag manchem wohl überraschend kommen — man kann sich die Bedingungen des stoßfreien Eintritts folgendermaßen klarmachen. Man denke sich eine Radscheibe (Abb. 25), über welche man an einem feststehenden Lineal entlang eine Linie zieht. Diese Linie fällt mit dem Lineal zusammen, solange die Radscheibe sich nicht dreht. Dreht sie sich während des Zeichnens etwa um die Achse DD, so ist die Linie beim Übergang auf die Radscheibe eine bestimmt gekrümmte Linie, die man Relativbahn des Punktes (der Bleistiftspitze) nennt. Führen wir diese Relativbahn als Schaufel aus und käme ein Wasserstrahl mit der Geschwindigkeit des Bleistiftes in der gleichen Richtung an, so bildete die Schaufel nicht das geringste Hindernis, der Wasserstrahl würde keinen Druck auf die Schaufel ausüben und könnte dergestalt über die ganze Scheibe hinübergeführt werden. Die Schaufel würde also auch die geradlinige gleichförmige Bewegung des Wasserstrahls in keiner Hinsicht abändern, den Wasserstrahl nicht ablenken. Somit gilt es also, für den Übertritt ins Rad die Relativbahn des Wassers zu finden, wenn man es stoßfrei überleiten will.

Die stoßfreie Relativbahn wird nun Punkt für Punkt gefunden werden können durch das Geschwindigkeitsparallelogramm. Im Moment, da die Bleistiftspitze mit der Geschwindigkeit c in Richtung des Lineals die Scheibe berührt, hat der berührte Scheibenpunkt die Geschwindigkeit u. (Siehe Abb. 26.) Einem Beobachter, der auf der Scheibe sitzt und sich mit eben der Geschwindigkeit u fortbewegt, wird es scheinen, als ob

84 A. Die Wirkung des Wafferstrahls

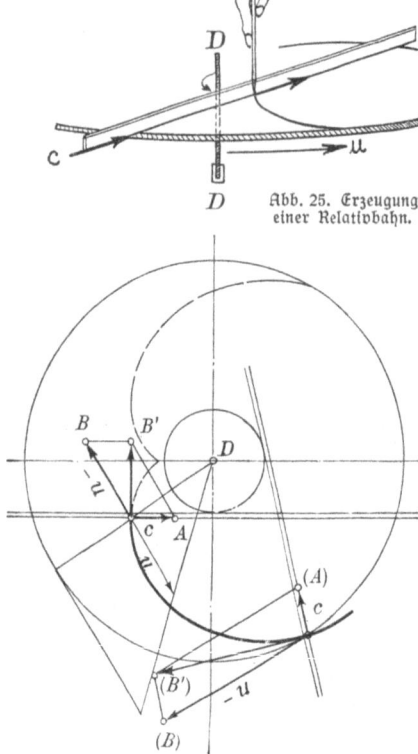

Abb. 25. Erzeugung einer Relativbahn.

Abb. 26. Konstruktion der Relativbahn.

dem Bleistiftpunkt diese Geschwindigkeit erteilt würde und sich in entgegengesetzter Richtung fortbewege, wie, wenn man in einem erschütterungsfrei fahrenden Eisenbahnzug sitzend die Empfindung haben kann, als ob der im Nachbargleise stehende Zug oder auch die Landschaft sich entgegengesetzt bewege. Es wird also für den Beobachter auf der Scheibe der Punkt des Bleistifts zwei Geschwindigkeiten haben, c und negativ u. (Abb. 26, die dem Grundriß der Abb. 25 entspricht.) Die Geschwindigkeit c habe die Bleistiftspitze bis (A) in der Zeiteinheit gebracht, während die Geschwindigkeit $-u$ den Punkt der Scheibe bei Beibehaltung seiner Richtung nach (B) gebracht haben würde. Relativ zur Scheibe, muß also die Bleistiftspitze die Richtung nach (B') einschlagen, der Diagonale des Parallelogramms, dessen Seiten die Geschwindigkeiten c und $-u$ bilden. Das gilt für jeden Punkt der Bahnlinie, die demgemäß konstruiert ist. Hat also die Schaufel im Anfang diese Richtung nach (B'), so tritt das Wasser stoßfrei über. Es genügt neben diesem Eintrittsdiagramm das Austrittsdiagramm festzulegen, also das Diagramm für den Punkt, an dem das Wasser die Schaufel verläßt, um zu erkennen, ob zwischen diesen die Schaufel vom Wasserstrahl gedrückt wird und also Arbeit durch Ablenkung leisten kann.

1. Das unterschlächtige Stoßrad

Man kann die Ablenkung so groß machen, daß die gesamte Energie des Wasserstrahles dadurch auf die Schaufel übertragen wird.

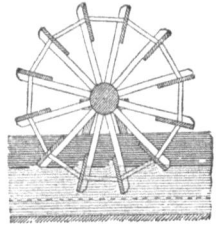

Außer durch solche Ablenkung kann das Wasser bei vertikaler Stellung der Radscheibe durch sein Gewicht einen Druck auf die Relativbahn ausüben und dadurch Arbeit leisten. Man pflegt nun Räder, die dem Wasser die Energie hauptsächlich durch Gewichtswirkung entziehen als Wasserräder, diejenigen Räder, die im Wesentlichen durch Strahlablenkung den Energieaustausch durchführen als Turbinen zu bezeichnen.

Ein gutes Wasserrad wird also Schaufeln enthalten, die den Wasserstrahl stoßfrei aufnehmen, dann durch stärkere Krümmung der Relativbahn, wodurch Druck entsteht, die Strahlgeschwindigkeit auf die des Rades verringern, sodaß das Wasser relativ zum Rade zur Ruhe kommt, und nun für den Rest der Fallhöhe durch sein Gewicht das Rad treibt.

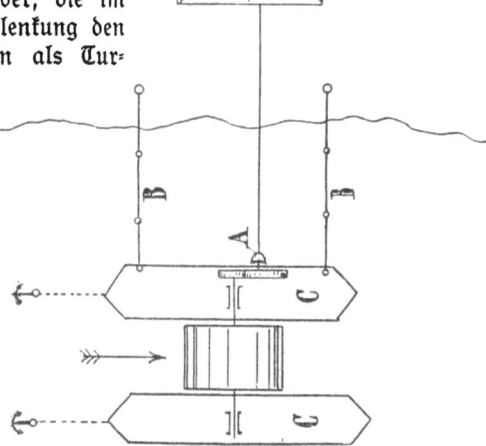

Abb. 27 u. 28. Schiffmühlenrad.

B. Die Wasserräder.

1. Das unterschlächtige Stoßrad. Die älteste Wasserradform, die noch heute in Anwendung ist, ist das Schiffsmühlenrad (Abb. 27 und 28). Zwischen zwei verankerten Kähnen CC, von denen der eine mit Gelenkstäben oder Ketten B am Ufer gehalten ist, wird der Strom gegen die aus einfachen Brettern gebildeten Schaufeln geleitet. Das Schiffsmühlenrad arbeitet mit größter Leistung, wenn es halb so rasch umläuft, wie das Wasser fließt.

B. Die Wasserräder

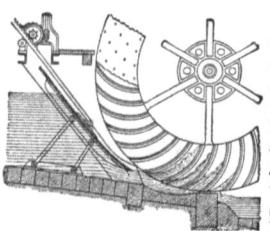

Abb. 29. Ponceletrad.

In Abb. 29 ist ein mit stoßfreiem Wassereintritt versehenes Wasserrad nach seinem Erfinder Ponceletrad genannt, dargestellt. Durch die Schütze des Zuführungskanales wird am Boden eine Öffnung frei gegeben, so daß das Wasser mit einer durch den Wasserdruck vergrößerten Geschwindigkeit gegen das Laufrad tritt. Das Wasser wird sozusagen durch die Schütze gespannt, daher der Name Spannschütze. Man erkennt, daß man die Zuflußgeschwindigkeit des Wassers verschieden wählen kann, je nachdem man die Öffnung der Spannschütze höher oder tiefer legt, das Wasser mehr oder weniger spannt. Im vorliegenden Beispiel ist die Öffnung an den Boden des Gerinnes verlegt, man hat also die größtmöglichste Geschwindigkeit gewählt. Das Wasserrad wird folglich ebenfalls die größtmögliche Umlaufgeschwindigkeit annehmen. Es arbeitet indessen nicht mehr durch Gewichtswirkung. Diese Räder geben deshalb höchstens 70% Nutzeffekt; wegen des geringen Spielraumes und der engen Schaufelstellung sind sie nur für Wasserläufe geeignet, die wenig oder gar kein Eis führen.

Die Umsetzung des Druckes in Geschwindigkeit durch die Spannschütze ist nicht ohne Energieverlust möglich. Es hat daher das Zuppingerrad (Abb. 30) einen Vorteil, da es das Wasser der höchsten Stelle des Zulaufkanals, also mit der kleinstmöglichen Geschwindigkeit entnimmt, stoßfrei auf die Schaufeln überleitet und nun das Rad durch die Gewichtswirkung herumzwingt. Damit dabei nicht allzuviel Wasser ausfließt, ist das Rad außen abgedeckt durch einen feststehenden Gerinneboden, an dem die Schaufelspitzen mit 10—20 mm Spiel vorbeigleiten. Einen solchen Abdeckungskanal nennt man auch wohl Kropf.

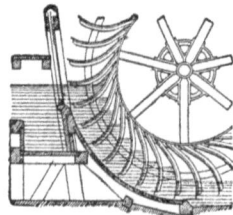

Abb. 30. Zuppingerrad.

Es ist durchaus nicht nötig, daß man den Boden des Abflußgerinnes so hoch legt, daß das Wasserrad im Unterwasser watet. Man kann den Boden des Gerinnes beim Zuppingerrad ebenso tief setzen, wie das bei dem Ponceletrad gezeigt ist. Nur muß man bedenken, läßt man das Rad im Unterwasser waten, so kostet das Arbeit, läßt man es freigehen, so verliert man durch den Freihang an kostbarem

2. Oberschlächtige Räder

Gefälle; das kostet ebenfalls Arbeit. Der Erbauer hat Vor- und Nachteile zahlenmäßig auszuwerten und danach zu handeln.

2. Oberschlächtige Räder. Je größer das Gefälle, das zur Verfügung steht, desto höher wird man den Beaufschlagpunkt legen. So entstehen die oberschlächtigen Räder, letztere so genannt, wenn Beaufschlagung zwischen Mitte und Scheitelpunkt des Rades vorliegt.

Abb. 31 stellt ein oberschlächtiges Rad dar. Das aus dem Obergerinne über dem

Abb. 31. Oberschlächtiges Wasserrad.

Scheitel des Rades ausfließende Wasser strömt in die Schaufeln stoßfrei ein und wirkt solange seine Geschwindigkeit sich verlangsamt durch seine lebendige Kraft, späterhin in den Kübeln zur Ruhe gekommen, lediglich durch sein Gewicht drehend auf das Rad. Kommt der Wasserstrahl aus dem Gerinne in der Richtung AC (Abb. 32) an, so muß diese Richtung für den auf dem Rad gedachten Beobachter längs AD kommend erscheinen,

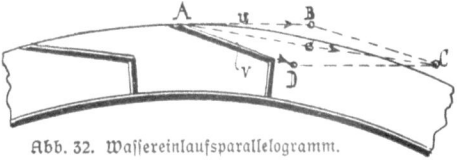

Abb. 32. Wassereinlaufsparallelogramm.

88   B. Die Wasserräder

wenn $CD = -u$ der Umfangsgeschwindigkeit des Rades entsprechend als die eine Seite des Geschwindigkeitsparallelogrammes $ABCD$ gezeichnet ist. Längs AD, der Relativgeschwindigkeit, müssen die gradlinigen Schaufeln also gelegt werden, falls stoßfrei das Wasser übertreten soll.

Das Gefälle der oberschlächtigen Räder kann zwischen 3 und 15 m, die Wassermenge zwischen $1/10 — 1/2$ cbm/sec liegen, die Umfangsgeschwindigkeit läßt sich wohl bis auf 1 m/sec treiben. Der Wirkungsgrad, d. h. das Verhältnis der wirklich geleisteten Arbeit zu der aus Gefälle und Wassermenge sich berechnenden Leistung, erreicht 85%, ist also bemerkenswert gut.

Die Möglichkeit solch ausgezeichneter Wirkungsgrade mag noch in jüngster Zeit veranlaßt haben, daß Wasserräder bei ungewöhnlich großen Gefällen, nämlich von 20 m Durchmesser, gebaut wurden.

3. Mittelschlächtige Wasserräder. Bei den rück- oder mittelschlächtigen Rädern hat man zwei Arten der Einströmung:

Den Überfalleinlauf und den Kulisseneinlauf. Bei dem ersteren fließt das Wasser frei über eine Führungsfläche A, (Abb. 33), und erhält hierdurch die Einströmungsrichtung in das Rad. In Abb. 33 ist wieder für den Umfangspunkt P das Geschwindigkeitsparallelogramm dargestellt, welches sich aus der Umfangsgeschwindigkeit und der absoluten Wassergeschwindigkeit c ergibt. Durch Verstellen des Überlaufes wie durch den Doppelpfeil bei p angedeutet ist, kann die Ausflußmenge entsprechend der größeren oder geringeren Wassermenge innerhalb mäßiger Grenzen reguliert werden.

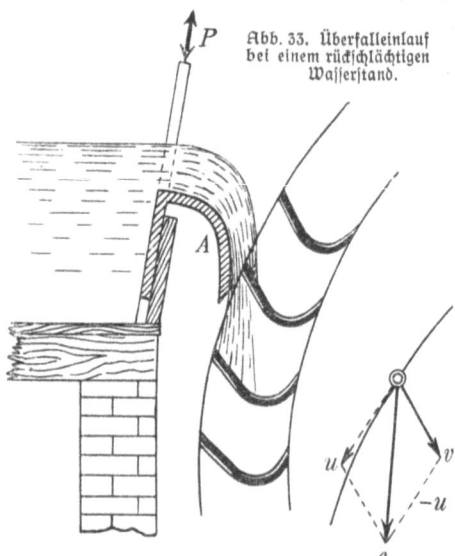

Abb. 33. Überfalleinlauf bei einem rückschlächtigen Wasserstand.

Bei dem Kulisseneinl-

lauf, (Abb. 34), ist eine Anzahl gekrümmter Kanäle 1—4 in dem,
die Radstube von dem Wasserzulaufe abschließenden Mauerwerke M
vorgesehen. Die aus dünnem Eisenblech her=
gestellten Schaufeln werden Leitschaufeln ge=
nannt, weil sie das Wasser aus der horizon=
talen in die Einströmungsrichtung überleiten.
Bei der in der Abbildung gegebenen
Stellung des die Leitschaufeln ver=
deckenden Schützens sind nur die obe=
ren Kanäle 3 und 4 geöffnet, die
unteren 1 und 2 dagegen abge=
schlossen. Durch Verstellen dieses
Schützens vermittels eines oberhalb
des Mauerwerks angebrachten
Windwerkes, kann die Zuflußwasser=
menge innerhalb weiter Grenzen
reguliert werden.

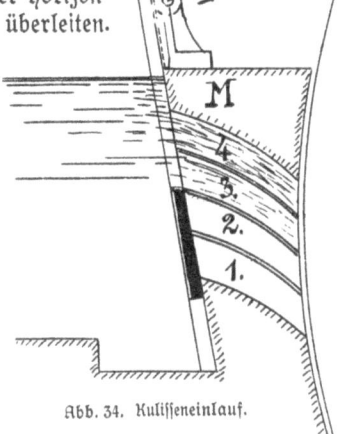

Abb. 34. Kulisseneinlauf.

Die rück= und mittelschlächtigen
Räder werden meistens für Gefälle
von 2—4½ m ausgeführt. Ihr
Wirkungsgrad beträgt 60—70%.

4. Vergleich der Wasserräder untereinander. Von allen
Wasserrädern hat das oberschlächtige den besten Wirkungsgrad,
weil bei diesem das Wasser mit der geringsten Geschwindigkeit übernom=
men wird und durch die reine Gewichtswirkung des in den Kübeln relativ
zum Rade ruhenden, zu Tal sinkenden Wassers, dessen Energie fast verlust=
los an das Rad übertragen wird. Dafür hat das oberschlächtige Rad den
Nachteil, den größten Durchmesser nötig zu haben, der ja ganz vom Gefälle
abhängt. Je größer bei gegebener Umfangsgeschwindigkeit, die ja, wie
wir sahen, kleiner als die klein zu haltende Zulaufgeschwindigkeit wurde,
der Durchmesser, desto kleiner die Umlaufzahl des Rades, und desto
teurer wird es. Die unterschlächtigen Räder laufen im Verhältnis zum
Gefälle am raschesten, werden am kleinsten bezüglich des Durchmessers
und relativ am billigsten. Je rascher sie infolge tiefgelegten Einlaß
laufen, desto weniger wird die Energie des Wassers durch Gewichts=
wirkung an das Rad übertragen, der größere Teil der Energie wird
vielmehr durch die Ablenkung des Wasserstrahles aus seiner freien
Bahn an das Rad übertragen. Diese Ablenkung, die durch die Schaufel=

form erzielt wird, bewirkt einen Druck auf die Schaufel und diese Druckkraft treibt das Rad. Den Ablenkungsdruck spürt jeder, der versucht einen Wasserschlauch zu krümmen, wenn er vom Wasser durchströmt wird und man sieht ihn, wenn beim Spritzen des Gartens der Schlauch sich gerade zu strecken versucht, sowie Wasser durchfließt. Wir sahen, daß die Ablenkung des Wasserstrahles von seiner ursprünglichen Bahn allmählich nach stoßfreiem Übertritt eingeleitet wird, wenn man die Schaufel allmählich stärker krümmt, als der arbeitsfreien Relativbahn (Abb. 26) entspricht. Dann erzeugt der Strahl ohne Stoß den Arbeitsdruck. Durch Ablenkungsarbeit alle Energie aus dem Wasser herauszuholen und an das Wasserrad zu übertragen, ist schwieriger, es werden die Verluste leicht größer als bei der Übertragung mittels Gewichtswirkung. Daher kommt der schlechtere Wirkungsgrad der unterschlächtigen Räder, soweit ihr Wirkungsgrad nicht durch die verhältnismäßig kleine Fallhöhe gedrückt wird, der gegenüber die Verluste in den Lagern, die im wesentlichen von dem Radgewicht und der Art der Lagerkonstruktion abhängig sind, umso größer werden, je kleiner die Fallhöhe.

C. Turbinen.

1. Begriffsbestimmung. Je größer die Geschwindigkeit, desto kleiner der Kraftaufwand zur Hervorbringung einer bestimmten Arbeitsleistung. Je kleiner die Kräfte, desto leichter und billiger kann die Maschine werden, weil die Querschnitte, durch die Kräfte durchgeleitet werden müssen, entsprechend klein gemacht werden können. Mit größerer Arbeitsgeschwindigkeit verringert sich also der Zinsaufwand für die Maschine und es erhöht sich die Wirtschaftlichkeit, sofern es gelingt, die Verluste trotz erhöhter Schnelligkeit gleich zu halten. Das ist Ziel des Maschinenbaues. Mit wachsenden Fallhöhen mußte das Wasserrad sehr bald eine Größe erreichen, die es unwirtschaftlich machen mußte, da ein ungeheurer Materialaufwand nötig wurde bei einer kleinen Leistung, die eine Folge der kleinen Umlaufgeschwindigkeit war, die sich nicht erhöhen ließ, weil die Zuflußgeschwindigkeit nicht nennenswerte Steigerung zuließ und außerdem die Kräfte, die auf ein Zerreißen und Zertrümmern des Rades hinwirken, mit seiner Größe wachsen. Freilich blieb noch ein Weg, wollte man Erhöhung der Geschwindigkeit, der Weg, der bereits in dem unterschlächtigen Wasserrad beschritten ist, nämlich Verzicht auf Gewichtswirkung, Arbeitsgewinn, nur durch Umlenkung des Strahles. Wasserräder, die lediglich durch den Umlenkungsdruck arbeiten, nennt man Turbinen.[1]

2. Die Freistrahlturbinen. Hätten wir zum Beispiel ein Gefälle von 30 m bei mäßiger Wassermenge auszunutzen, so würden wir nicht daran denken, ein oberschlächtiges Wasserrad etwa einzubauen. Wir würden vielmehr nach dem Vorbild der Abb. 29 besser den Wasserdruck in Geschwindigkeit umsetzen, nicht etwa durch eine Spannschütze, sondern, indem wir das Wasser auf 30 m Höhe in ein Rohr faßten und am Ende dieses Rohres, also 30 m tiefer, den Wasser= strahl durch eine geeignete Öffnung, also etwa durch ein Rechteck auf einen Schaufelkranz austreten ließen. Mit dieser Anordnung hätten wir eine echte Tur= bine (Abb. 35.) Durch seine Fallhöhe von 30 m würde das Wasser am Austritt die gleiche Ge= schwindigkeit bekommen, die ein Stein erhielte, wenn er 30 m gefallen wäre, das sind 24,5 m/sec. Bei solchen Geschwindigkeiten wird die Öffnung recht klein sein dürfen und dennoch die gesamte Wassermenge durchlassen. Wir sehen, während die Spannschütze des Ponceletrades mit 1 m Gefälle dem Strahl eine Geschwindigkeit von etwa

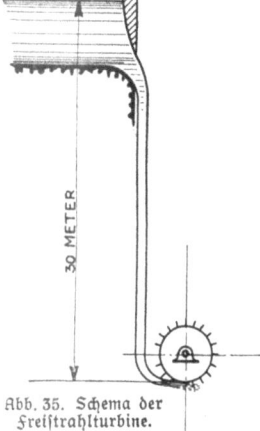

Abb. 35. Schema der Freistrahlturbine.

4,5 m/sec erteilen würde und demzufolge zum Durchlaß von 1 cbm/sec ein Querschnitt von 1 : 4,5 = 0,22 qm = 2200 qcm notwendig wäre, was bei einer Breite von etwa 60 cm, 40 cm Höhe des Schlitzes entspräche, brauchen wir für den Strahlaustritt unter 30 m Druckhöhe lediglich 40 qcm, also bei einer Schlitzhöhe von 4 cm eine Breite des Schlitzes und damit Breite des Laufrades von nur 10 cm! So sehr ver= ringern sich die Abmessungen durch Erhöhung der Geschwindigkeit. Das Laufrad der Turbine kommt also mit nur 10 cm Breite aus gegenüber 60 cm des Wasserrades. Daß letzteres erheblich teurer werden muß, leuch= tet ohne weiteres ein. Den Strahl, den wir also mit 24,5 m/sec aus dem Zuleitungsrohr austreten lassen, richten wir auf einen Schaufelkranz, den wir nach Abb. 35 oder von innen beaufschlagen wie Abb. 36 zeigt. Die Umfangsgeschwindigkeit des Schaufelkranzes setzen wir, um größte

---

1) Dieser Begriffsbestimmung entspricht auch vollständig das Poncelet= rad. (Abb. 29). Eine scharfe Grenze zwischen Turbinen und Wasserrädern läßt sich ohne sehr viele Worte nicht ziehen.

Arbeitsleistung zu erhalten nach früherem zu $u_1 = \frac{1}{2} C$, gleich rund 12 m/sec fest. Bei den erhöhten Geschwindigkeiten werden wir nun mit viel größerer Sorgfalt auf stoßfreien Eintritt halten müssen und die Schaufelkanten sorgfältig behandeln, auch einen Spalt vorsehen, damit das Wasser nicht allzu stark geführt werde und eine gewisse Bewegungsfreiheit und Ausweichfreiheit zwischen Düse und Schaufeln behält.

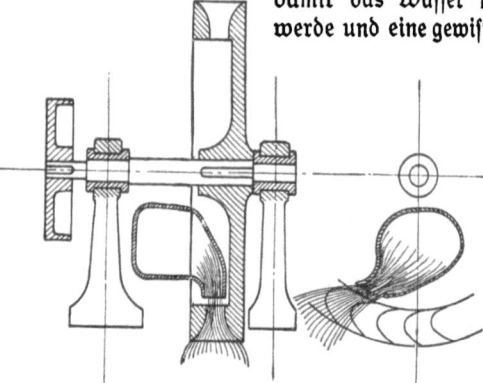

Abb. 36. Querschnitt der Freistrahlturbine.

a) **Schaufelriß**. Wir können uns nun zunächst nach den auf S. 83 gegebenen Gesichtspunkten die Schaufel aufzeichnen, die auf die ganze Länge den Strahldurchtritt nicht stören würde. Das würde also bedingen, daß bezüglich der Resultierenden das Austrittparallelogramm mit dem Eintrittparallelogramm übereinstimmte, damit eine Ablenkung des Wasserstrahles nicht eintritt. Die Schaufelform würde eine schwach gekrümmte Linie sein, etwa wie in Abb. 37 punktiert gezeichnet. In dieser Form würde die Schaufel dem Wasserstrahl keine Arbeit abzapfen. Wir krümmen nun von einem uns gut scheinenden Punkt an die Schaufel stärker als die arbeitslose Form angibt und sind nun sicher, daß der Strahl Arbeit an das Laufrad abgibt, ob aber alle? Das muß untersucht werden. Sehen wir uns den Austritt an. Das Wasser, das mit der Relativgeschwindigkeit V_1 über die Schaufel glitt, hat keinen Anlaß seine Relativgeschwindigkeit anders als im Verhältnis der wachsenden Umfangsgeschwindigkeit zu ändern, auch nicht, wenn wir die Breite des Kranzes ändern, es wird dann einfach die Dicke des Stahles entsprechend abnehmen. Das Wasser wird also mit der Relativgeschwindigkeit $V_2 = V_1 \frac{r_2}{r_1}$ in der Richtung der Schaufelkrümmung austreten. Gleichzeitig aber hat der Strahl die Umfangsgeschwindigkeit u_2, die von 12 auf 15 m gestiegen sei, da der Durchmesser außen entsprechend größer als innen ist. Die wirkliche Geschwindigkeit

2. Die Freistrahlturbinen

ergibt sich wieder aus dem Diagramm. Wir messen sie und finden, daß der Strahl der mit der Geschwindigkeit $C_1 = 24{,}5$ m/s in das Laufrad eintrat, beim Austritt nun noch die Geschwindigkeit $C_2 = 8{,}2$ m/s hat. Den Unterschied hat er durch Druck auf das bewegte Rad verloren, also in Arbeit verwandelt. Wir sehen in dem Austrittdiagramm, daß die Restgeschwindigkeit noch größer ist, als wünschenswert, sie enthält noch zu viel Energie. Die können wir noch teilweise gewinnen, wenn wir die Schaufel noch etwas stärker krümmen. Die schraffierte Schaufel gibt nur noch einen Restbetrag von 3 m/s, das ist ein hinreichend geringer Austrittsverlust. Wir wollen nicht allzutief in die Geheimnisse der Turbinenbauer eindringen, man wird sich immerhin ein Bild schon machen können, wie die Schaufelform am Austritt maßgebend sein muß für die Arbeitsübertragung an das Laufrad und den Arbeitsbetrag, den man verloren geben muß.

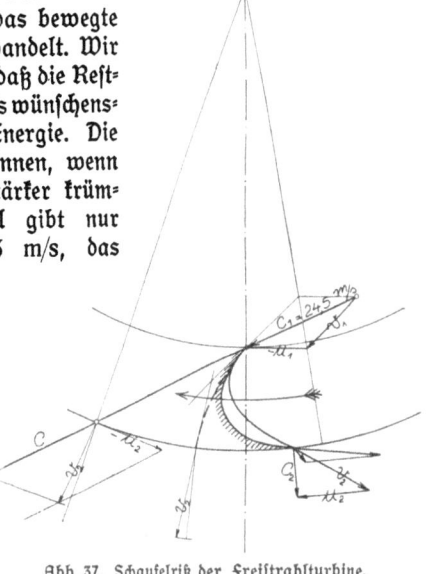

Abb. 37. Schaufelriß der Freistrahlturbine.

Wir wollen unseren Vergleich mit dem Wasserrad fortsetzen. Das Ponceletrad mag bei 4,5 m/s Eintrittsgeschwindigkeit eine Umfangsgeschwindigkeit von 2 m/s bekommen haben, während unsere Turbine bei der Wahl der gezeichneten Eintrittsrichtung 12 m/s, also 6mal soviel bekommt. Das Ponceletrad möge einen Durchmesser von 2 m haben, so wird sein Umfang 6,28 m sein und da jeder Punkt des Umfangs 2 m in der Sekunde zurücklegt, wird sich das Rad in 1 sec 0,32mal herumdrehen, in einer Minute also 19mal. Unsere Turbine dagegen wird mit einem Durchmesser von $\frac{1}{2}$ m, also einem Umfang von 1,57 m gut auskommen — größere Durchmesser zu wählen, dafür liegt keine Veranlassung vor, wohl aber könnte man ihn bis auf etwa 400 mm verringern — also läuft sie bei 12 m/s Umlaufsgeschwindigkeit mit $\frac{12}{1,57} \times 60 = 460$ Umläufen in der Minute, 24 mal so rasch wie das Ponceletrad.

Wenn man sich an Stelle des Ponceletrades ein oberschlächtiges Rad für 30 m ausgeführt denkt, um eine übereinstimmende Vergleichsgrundlage zu schaffen, würde der Turenzahlgewinn der Turbine noch viel größer. Denn bei diesem Wasserrad würde man die Umfangsgeschwindigkeit mit vielleicht 3 m/s festsetzen; bei einem Durchmesser von 30 m und einem Umfang von 94 m ergäbe sich damit die Umlaufzahl in einer Minute mit $\frac{3}{94} \cdot 60 = 1,9$! Also Verhältnis der Umlaufzahlen von Turbine zum Wasserrad bei gleichem Gefälle und gleicher Leistung wie 320 : 1! Das Verhältnis kennzeichnet zahlenmäßig die so sehr viel größere Wirtschaftlichkeit der Turbine.

b) Aufbau der Feinstrahlturbine. Den Schaufelkranz der Turbine (Abb. 36 rechts) haben wir uns nun an einer Radscheibe befestigt zu denken, die auf die Welle aufgekeilt wird. Die Welle wird in Lagern gehalten und am andern Ende kann man eine Kupplung aufbringen etwa zur direkten Verbindung der Turbine mit einer Dynamo. Häufig wird man an Stelle der Kupplung eine Riemenscheibe setzen, von der aus die Transmission angetrieben wird. Eine hohe Umlaufzahl setzt die Abmessungen des Stromerzeugers oder der Riemenscheibe ganz erheblich herab und erhöht somit die Wirtschaftlichkeit der Gesamtanlage bedeutend. Man nennt die Turbine (Abb. 36) eine Freistrahlturbine, weil der Strahl frei in die Atmosphäre ausströmt, ohne einen Überdruck ihr gegenüber zu behalten. Sie ist ferner eine „innen teilweise beaufschlagte" Turbine. Legt man, wenn mehr Wasser zur Verfügung stünde, wäre man dazu veranlaßt, Einlaufdüse auf Einlaufdüse, bis der Kranz voll mit Düsen besetzt ist, so erhält man Vollbeaufschlagung. Die Düsen, die nunmehr Kanäle bilden, nennt man alsdann Leitapparat, da sie das Wasser in die zum stoßfreien Eintritt nötige Richtung leiten.

Da wir mittlerweile vollständig auf die Gewichtswirkung verzichtet haben, sind wir frei die Radscheibe etwa wagerecht, die Achse vertikal zu stellen.

Den Leitapparat kann man anstatt radial innerhalb oder außerhalb des Laufradkranzes anzuordnen, auch oberhalb des Laufrades anbringen. Dann ist der Durchfluß durch die Turbine achsial, man spricht von Achsialturbinen.

2. Die Freistrahlturbinen

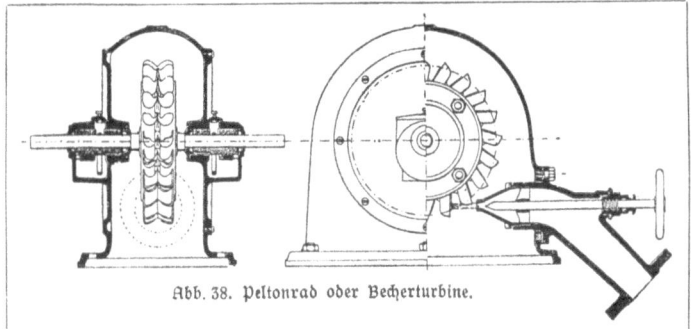

Abb. 38. Peltonrad oder Becherturbine.

Es ist nicht nötig, bei Vollbeaufschlagung auf Freistrahl zu verzichten. Solche Freistrahlturbinen wurden früher sehr häufig, heute werden sie gar nicht mehr gebaut.

Eine sehr hochwertige Freistrahlturbine ist die Becherturbine, nach ihrem Erfinder auch Peltonrad genannt (Abb. 38). Der Wasserstrahl trifft das Laufrad (Abb. 39) auf die Mittelschneide der Doppelbecher, die die Schaufeln bilden, in der Strahlmitte durchschnitten ergibt sich das Schema Abb. 40. Bei festgehaltenem Laufrad würde das Wasser mit derselben Geschwindigkeit rückwärts abströmen, wie es zufließt. Die Schaufel würde einen Druck auszuhalten haben, aber, da sie sich nicht bewegt, keine Arbeit leisten. Erst mit einsetzender Drehung des Rades leistet es Arbeit, die bis zu einem Größtwert anwächst, um dann wieder auf Null abzusinken, wenn das Rad sich so schnell dreht, daß $u = C$ geworden ist, weil der Strahl jetzt die Schaufel nicht mehr erreicht, wie das früher bereits klar gelegt. Wenn bei einer Turbine die Wellenverbindung zu der Arbeitsmaschine bricht, so wird der Widerstand, den die Turbine zu überwinden hatte, Null und die Umlaufzahl wird höher und höher, die Tur-

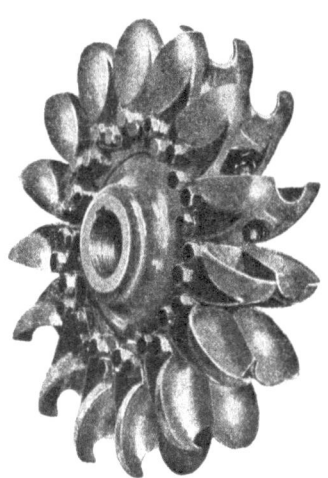

Abb. 39. Peltonrad.

96   C. Turbinen

bine „geht durch". Wir sehen jedoch aus obiger Überlegung, daß die Größtgeschwindigkeit, auch Leerlaufgeschwindigkeit geheißen, nicht über das Doppelte der Betriebsumlaufzahl, für die man immer $u = \sim \frac{1}{2} c$ festsetzen wird, ansteigen kann. Ist die Turbine für die doppelte Betriebsumlaufzahl genügend festgebaut, so droht ihr keine Gefahr.

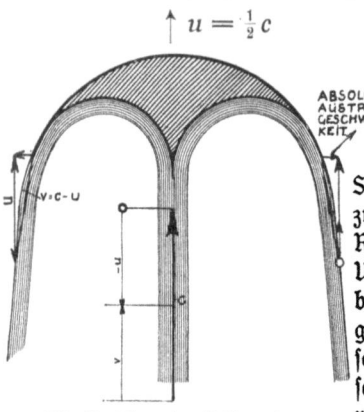

Abb. 40. Schema des Peltonrads.

Bei der Betriebstourenzahl $u = \frac{1}{2} c$ ergibt sich die Geschwindigkeit, mit der der Strahl längs der Schaufel gleitet, zu $v = c - u = \frac{1}{2} c$, also wird die Relativgeschwindigkeit gleich der Umlaufgeschwindigkeit. Wenn also beim Austritt der Strahl in die entgegengesetzte Richtung umgelenkt ist, so wird die absolute Austrittgeschwindigkeit $u - v = 0$. Das Wasser wird also ohne jedwede Energie von der Schaufel herunterfallen; die Strahlenergie ist restlos an die Schaufel abgegeben. Man hat sich diesen so einfach aussehenden Vorgang nur wirklich ganz klar zu machen, dann hat man das Geheimnis der Turbine erkannt. Da auch die sonstigen Verluste gering sind: die Schaufeln reiben sich größtenteils nur an der Luft, während jeweils eine Schaufel benetzt wird, die Zapfenbelastung und deshalb die Lagerreibung ist sehr klein, weil das Rad leicht und klein ist, so ist das Peltonrad diejenige Turbine, die den höchsten Wirkungsgrad erreichen könnte.

Es sind Peltonräder für Fallhöhen bis weit über 1000 m gebaut worden. Bei 1000 m würde ein Strahl von 70 mm Durchmesser etwa 5000 PS abgeben. Leistungen von 7500 PS sind in einen einzigen Wasserstrahl gelegentlich zusammengefaßt worden. Man sieht, auf wie engen Raum gewaltige Leistungen zusammengedrängt werden können, wenn man an die Grenzen zulässiger Geschwindigkeiten geht. Es ist natürlich, daß dabei auch die Gefahren der Abnutzung wachsen. Sind bei hohen Wassergeschwindigkeiten z. B. die Düsenquerschnitte nicht peinlichst genau, so können diese durch die Wasserwirbel innerhalb weniger Stunden gänzlich unbrauchbar werden.

3. Überdruckturbinen

Die Umlaufzahl läßt sich in sehr weiten Grenzen verringern, wenn man den Durchmesser erhöht. Die Ungebundenheit in der Wahl des Durchmessers ist die Folge der teilweisen Beaufschlagung. Eine Erhöhung der Tourenzahl läßt sich dagegen nicht beliebig weit durchführen, da man mit dem kleinsten Durchmesser an die Strahldicke gebunden ist. Nach Reichel nimmt der Wirkungsgrad sehr rasch ab, wenn man den Durchmesser kleiner als zehnfache Strahldicke wählt.

3. Überdruckturbinen. Da die Peltonräder oder Becherturbinen nur mit etwa halber Geschwindigkeit des Wasserstrahles umlaufen, bei großen Gefällen ein schätzenswerter Vorteil, würde die

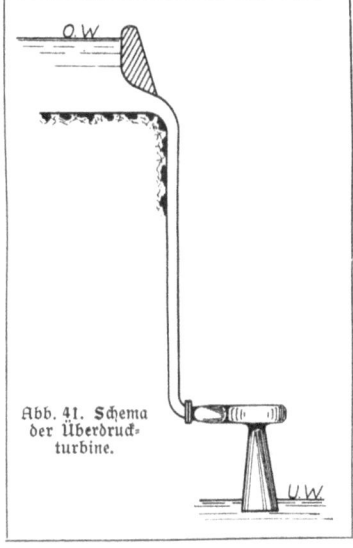

Abb. 41. Schema der Überdruckturbine.

Umlaufgeschwindigkeit bei mäßigen Höhen kleiner, als sie für billigste Herstellung der Gesamtanlage wünschenswert wäre. Brennend wird die Frage genügend hoher Umlaufzahlen namentlich bei kleinen Gefällen deshalb, weil bei den immerhin kleinen Leistungen Stromerzeuger mit hohen Umlaufzahlen zu bauen leicht ist und ohne Risiko zu billigen Anlagen führt.

Man mußte daher sehen, wie man sich von der Eigentümlichkeit der verhältnismäßig kleinen Umlaufzahl des Freistrahles unabhängig mache. Läßt man das in dem Druckrohr ankommende Wasser nicht durch eine Düse frei ausströmen, sondern schickt es erst durch eine Spirale, bevor es durch einen in deren Mitte liegenden senkrechten Abfluß (Abb. 41) gelangt, so erreicht man in der Tat günstigere Verhältnisse. Durch diese Anordnung erzeugt man einen großen Strudel (Abb. 42), den man dazu benutzen kann, das Schaufelrad in Drehung zu versetzen; der Strudel läuft mit bestimmter Umlaufzahl um, die man verändern kann, wenn man durch Leitschaufeln die Richtung der aus den Leitschaufelöffnungen austretenden Strahlen ändert. Die Leitschaufeln kann man um Zapfen drehbar einrichten, so daß man ohne den

Durchfluß zu unterbrechen, den Strudel in seiner Umlaufgeschwindigkeit in erheblichem Grade ändern kann. Je mehr sich das Wasser der Mitte nähert, mit desto größerer Geschwindigkeit bewegt es sich, denn da von allen Seiten Wasser zuströmt, wird das Wasser in immer kleinere Querschnitte gedrängt, so daß es schneller fließen muß. Freilich kann das Wasser keine größere Geschwindigkeit annehmen, als dem Drucke entspricht, und diese Geschwindigkeit tritt in dem Auslaßquerschnitt, oder, wenn dieser nicht der kleinste Querschnitt ist, den das Wasser durchfloß, im kleinsten Querschnitt auf.

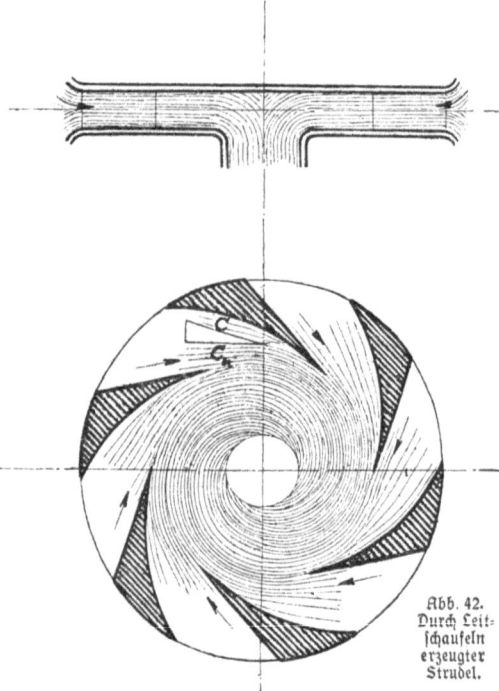

Abb. 42. Durch Leitschaufeln erzeugter Strudel.

In diesen Strudel denke man sich nun ein Laufrad getaucht, dessen Begrenzung dem von der Wagerechten in das senkrechte Abflußrohr geführten Strudel angepaßt ist. Das Laufrad wird alsdann, falls es an einer kunstgerecht gelagerten Welle befestigt ist, durch den Strudel im Umlauf gesetzt, so daß es Arbeit leisten kann. Es wird so lange dem Strudel Arbeit entziehen, solange der Strudel auf die Schaufel drückt, der Strudel enthält solange Arbeit, solange er rotiert. Die arbeitentziehende Schaufel wird also die Aufgabe haben, die Stromfäden des Strudels grade zu strecken, die in Richtung des Umfangs liegende Geschwindigkeit in radialen Fluß abzulenken, damit also den Strudel zu vernichten. Wie früher bei dem Wasserrad, können wir auch für den Strudel jetzt eine Schaufel angeben, die in ihm läuft,

3. Überdruckturbinen

ohne ihn im geringsten zu stören, ohne ihm Arbeit zu entziehen. Wir können eine solche arbeitsfreie drucklose Schaufel punktweise gemäß den Geschwindigkeitsparallelogrammen für stoßfreie Bewegung konstruieren und für jede beliebige Umlaufgeschwindigkeit angeben; für jede andere Umlaufgeschwindigkeit sieht die Schaufel anders aus. Wir wissen weiter, daß wir für den stoßfreien Übertritt den Schaufelanfang nach dieser arbeitsfreien Schaufel ausbilden können und zur Erzielung von Arbeitsdruck alsdann von dieser Schaufel abzubiegen haben, und zwar nunmehr soweit, daß im Innern, wo wir die Schaufel aufhören lassen wollen, die Richtung derart ist, daß der Strudel erloschen ist, daß nur noch rein radiale Strömung besteht. Das zu erreichen, hat man nur die Relativbahnrichtung für Ein- und Austritt aus dem Geschwindigkeitsdiagramm, in dem Umfangsgeschwindigkeit und absolute Austrittsgeschwindigkeit der Größe und Richtung nach gegeben sind, festzustellen, und die Schaufel danach zu krümmen. Will man arbeitsfreie Schaufelung für den ganzen Weg, so muß man sich zunächst den Strudel darstellen, wie er sich ungehemmt durch ein Laufrad einstellen würde.

Es gilt festzuhalten, daß man für jede beliebige Umlaufgeschwindigkeit des Laufrades für einen bestimmten Strudel Schaufeln bilden kann, die stoßfrei das Wasser übernehmen und ungehindert durchfließen lassen und ebenso gibt es beliebig viel Schaufelformen, die dem Strudel nach stoßfreier Überleitung allmählich alle Energie entziehen, d. h. mit anderen Worten: Man kann unabhängig von der Geschwindigkeit des Wasserstrudels dem Laufrad jede beliebige Umlaufgeschwindigkeit bei voller Arbeitsleistung erteilen. Wir haben, was wir suchten: der Konstrukteur ist unabhängig von der durch die Fallhöhe bedingten Einlaufgeschwindigkeit, in der Festsetzung der Umlaufgeschwindigkeit, der minutlichen Umlaufszahl. Ist die Umlaufgeschwindigkeit des Laufrades am Einlauf kleiner gewählt als die Einlaufgeschwindigkeit des Wassers auf den Umfang projiziert, so läuft das Laufrad offenbar langsamer um als der Strudel, ist die Umlaufgeschwindigkeit des Laufrades größer als die des Wassers, so läuft das Laufrad schneller als der Strudel. Im ersten Fall spricht man von Langsamläufern, im zweiten von Schnelläufern. Läuft das Laufrad geradeso schnell wie der Strudel, so sagt man es sei ein Normalläufer. Es sind also für die verschiedenen Bauarten die Eintrittsdiagramme maßgebend. Vergleiche

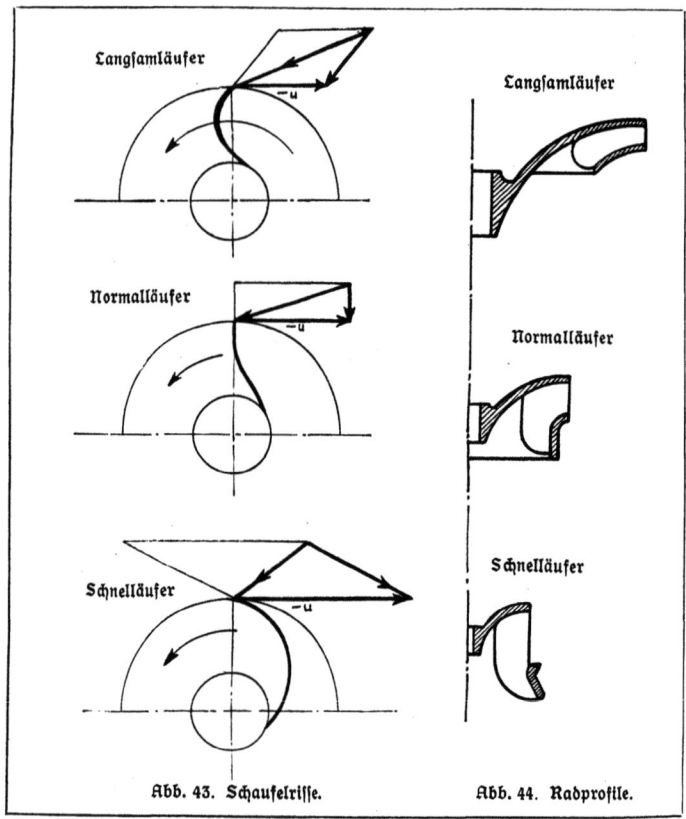

Abb. 43. Schaufelrisse. Abb. 44. Radprofile.

die nebenstehende Abb. 43, deren Geschwindigkeitsrisse für gleiche Fallhöhe gelten.

Will man Langsamläufer, so wird man die Durchmesser verhältnismäßig groß, bei Schnelläufern verhältnismäßig klein wählen, weil damit die Tourenzahl weiter gedrückt bzw. erhöht wird. In Abb. 44 und den Lichtbildern 45, 46 u. 47 kommt das zum Ausdruck. Die Lichtbilder der Räder zeigen keine bedeutende Verschiedenheit der Eintrittswinkel der Schaufeln, desto stärker sind die Verschiedenheiten der Durchmesserverhältnisse ausgeprägt. Das Laufrad in Abb. 47 und 48 ist ein Langsamläufer.

3. Überdruckturbinen

Die abgebildete Turbinengattung heißt auch Francisturbine, da J. B. Francis, ein Amerikaner, radial von außen beaufschlagte Turbinen zuerst gebaut hat. Wenn wir vordem sagten, die Umlaufsgeschwindigkeit sei bei diesen Francisturbinen beliebig festsetzbar, so ist das cum grano salis zu verstehen. Die Theorie kann freilich keine Grenze, bis zu welcher die Tourenzahl gesteigert werden könnte, angeben, bisher wenigstens nicht, die Praxis indessen ist über Tourenzahlen, die das Doppelte der Strudelumlaufzahl betragen, bisher noch nicht hinausgekommen. Dies ist immerhin ein beträchtlicher Fortschritt den Freistrahlrädern gegenüber, bei denen die Tourenzahl, wie

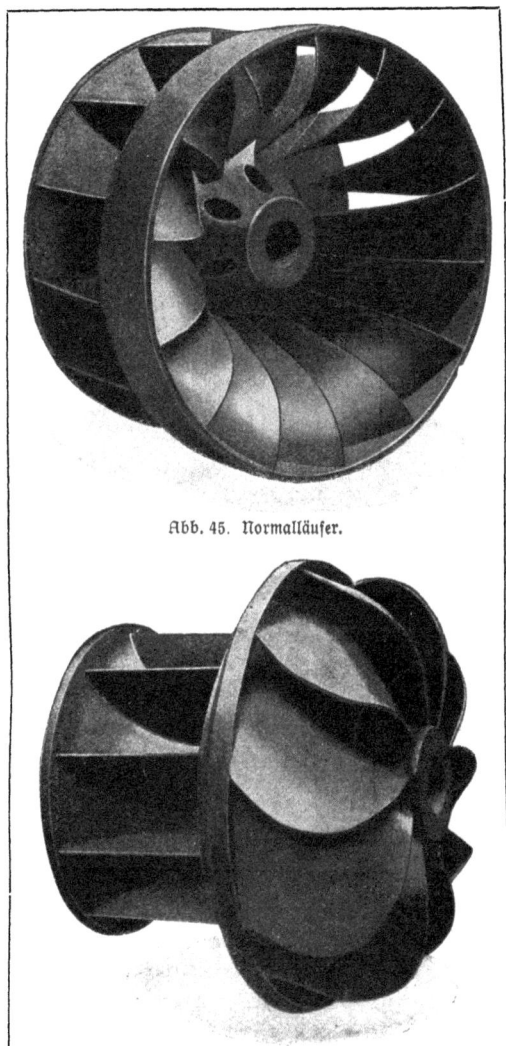

Abb. 45. Normalläufer.

Abb. 46. Schnelläufer.

102   C. Turbinen

wir uns erinnern wollen, der halben Strahlgeschwindigkeit entsprach.

Man pflegt im Turbinenbau den Grad der Schnelläufigkeit, d. i. das Maß, um welches das Laufrad rascher oder langsamer als der Strudel (Abb. 42) läuft, durch die Tourenzahl zu messen, die das Laufrad haben würde, wenn es mit einem Gefälle von einem Meter und einer solchen Wassermenge betrieben würde, daß es gerade eine Pferdekraft leistete. Diese Tourenzahl nennt man die spezifische Tourenzahl. Es haben Freistrahlturbinen die spezifische Tourenzahl von 12—70. Den Bereich 12—20 decken die einstrahligen Becherräder, zur Erzielung höherer Umlaufzahlen muß man den Strahl teilen oder dritteln, damit man den Durchmesser, der ja das acht- bis zehnfache der Strahldicke nicht unterschreiten soll, verkleinern kann, von 70—100 kommen die Langsamläufer; von 150—200 die Normalläufer und endlich von 300—450 die Schnelläufer.

Das für eine auszubauende Wasserkraft zu wählende System ist durch diese Reihe gegeben; sämtliche wünschenswerte Tourenzahlen sind mit einem der beiden Systeme — Becher- oder Francisturbine zu erreichen und damit entfällt die Notwendigkeit der Anwendung irgend eines der anderen vielen noch möglichen Systeme. In der Tat werden zur Zeit nur

Abb. 47. Francisturbine des Hansenwerks mit spiralförmigem Gehäuse.

Langsamläufer

3. Überdruckturbinen

Francis- oder Becherturbinen gebaut, höchstens kommt einmal die Schwamkrugturbine zur Anwendung. Abb. 36 stellt eine Schwamkrugturbine dar.

Das Laufrad der Francisturbine liegt, wie aus der Abb. 41 ohne weiteres klar sein wird, im Druckwasser, im Gegensatz zur Peltonturbine, bei der das Laufrad im freien Strahl außerhalb der Druckleitung angeordnet ist. Deshalb nennt man die Francisturbine wohl auch Druck- oder Überdruckturbine.

Wir haben den Strudelraum in unserer Betrachtung von außen her durchfließen lassen, es steht nichts im Wege, den Strudel von innen heraus entstehen zu lassen. Merkwürdigerweise, oder vielmehr besser gesagt, der menschlichen Psyche entsprechend, die das einfachste immer erst nach mühsamen Umwegen zuletzt findet, sind die ersten Turbinen, die sich vom Freistrahl abwandten durch einen von innen erregten Strudel getrieben. Erst in verhältnismäßig später Zeit brach sich die außen beaufschlagte Turbine Bahn, nachdem ein halbes Jahrhundert hindurch die Achsialturbine — als Freistrahl — in der Girardturbine, als Überdruckturbine in der Henschel-Jonvalturbine (von Henschel in Cassel im Jahre 1837 zuerst erbaut) fast ausschließlich angewandt wurde und jetzt ist die außenbeaufschlagte Francisturbine die einzige, die neben den Becherturbinen praktisch überragende Bedeutung besitzt.

Die Abb. 47 zeigt eine Francisturbine mit spiralförmigem Gehäuse. Man sieht die Einlauföffnung, die hier viereckig gehalten ist, weil das Gehäuse aus Blech zusammen genietet ist und in der Öffnung erkennt man die Leitschaufeln. Ferner sieht man den Krümmer, durch den das Wasser, nachdem es das Laufrad durchströmt hat, die Turbine verläßt.

Wenn die Wassermenge zu groß ist, als daß sie durch ein Laufrad bewältigt werden könnte, kann man ein zweites Laufrad auf die gleiche Welle setzen, und die beiden Ablaufkrümmer in ein einziges Ablaufrohr überführen, wie Abb. 48 u. 49 erkennen lassen. Abb. 49 zeigt das Äußere dieser Turbine. An dieser erkennt man eine große Reihe in einem Ring angeordnete Hebelpaare, die zur Leitschaufelbewegung zur Regulierung dienen. Darüber wird ausführlicher in einem besonderen Absatz gesprochen werden.

Wenn die zu verarbeitende Wassermenge verhältnismäßig groß ist, läßt man das Spiralgehäuse weg und setzt die Turbine unmittelbar in die Wasserkammer, den Leitschaufeln allein die Erzeugung

104　　　　　　　　　　C. Turbinen

des Wasserstrudels überlassend. In Abb. 50 ist eine solche Anordnung zu erkennen. Die Turbine trennt Oberwasser vom Unterwasser, so daß alles Wasser durch sie hindurch muß. Die senkrechte Welle trägt an ihrem oberen Ende ein Kegelrad, das wegen des offenbar sehr

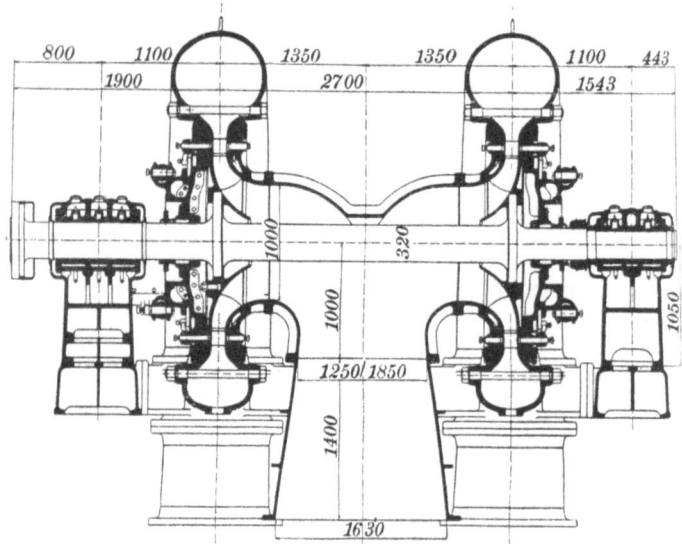

Abb. 48. Querschnitt einer Franciszwillingsspiralturbine von Escher, Wyß & Co.

kleinen Gefälles sehr langsam umläuft und deshalb auf ein kleines Kegelrad arbeitet, das mit entsprechend größerer Umlaufzahl die Riemenscheibe antreibt.

Bei wagerechter Welle und zwei Laufrädern im offenen Schacht ergibt sich die Anordnung Abb. 51. Dadurch, daß man zwei Laufräder wählte, konnte man die Durchmesser klein genug machen, so daß eine für unmittelbaren Antrieb der Dynamo hinreichende Umlaufzahl entstand. So sehen wir hier diese Dynamo auf derselben Welle angeordnet.

Das Saugrohr wird schwach konisch ausgeführt, damit die Geschwindigkeit des Wassers, mit der es das Saugrohr verläßt, kleiner ist, als beim Verlassen des Laufrades. Die Geschwindigkeit, mit der das Wasser in den Untergraben übertritt, ist ein Verlust, der also durch die Saugrohrerweiterung verringert wird.

3. Überdruckturbinen 105

Das aus der Abbildung 51 ersichtliche Ablaufrohr wird unter den Wasserspiegel des Unterwassers geführt. Die in ihm „hängende" Wasser-

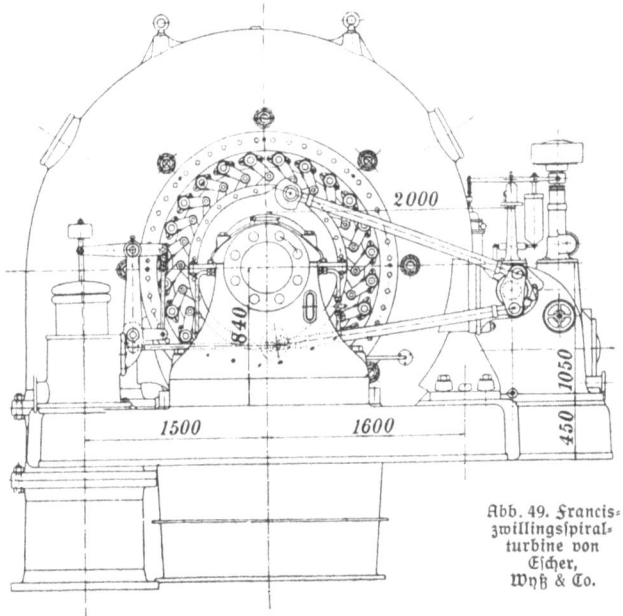

Abb. 49. Francis-
zwillingsspiral-
turbine von
Escher,
Wyß & Co.

säule verringert den Druck an dem Austritt des Laufrades und erhöht demzufolge die Geschwindigkeit des Wasserstrudels, vermehrt die Fallhöhe um genau ebensoviel, als wenn man die Turbine unmittelbar über dem Unterwasserspiegel angeordnet hätte. Es ist also gleichgültig, wo man zwischen Unterwasser und Oberwasser die Turbine anordnet, wenn man sie nicht so hoch anordnet, daß die Wassersäule im Saugrohr abreißen würde. Die Wassersäule „hängt" ja nicht, sondern wird von dem äußeren Luftdruck getragen, der einen luftleeren Raum bis auf 10 m Höhe füllen würde. Über 10 m dürfte man also die Entfernung vom Laufrad bis Unterwasserspiegel nicht wählen. Man wird auch nicht bis an diese höchste Grenze gehen können, weil sich unter dem geringen, absoluten Druck die Luft, die das Wasser immer in ziemlich großen Mengen gelöst enthält, ausscheiden würde, unter

106 C. Turbinen

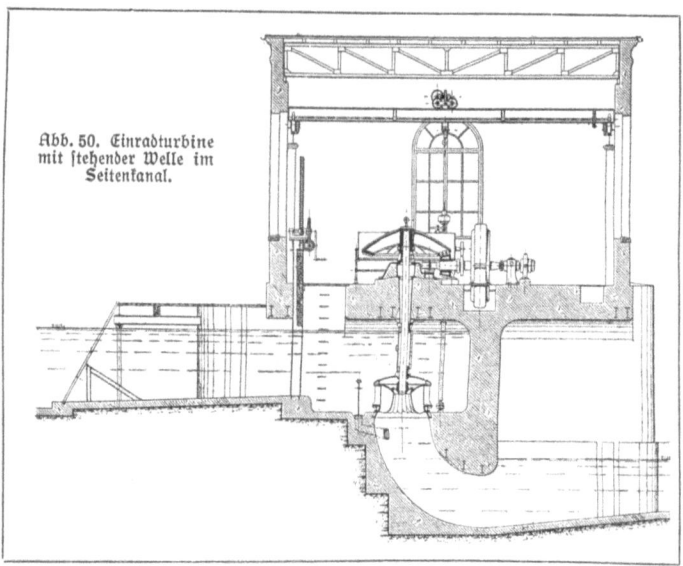

Abb. 50. Einradturbine mit stehender Welle im Seitenkanal.

Umständen ebenso stürmisch, wie die Kohlensäure im Mineralwasser, wenn sie durch die Öffnung des Verschlusses vom Druck befreit wird. Die aussprudelnde Luft würde nicht vom Wasser mit fortgerissen, sondern sich sammeln, und endlich als große Luftblase den Wasserstrom unterbrechen. Damit würde dann das zur Verfügung stehende Gefälle plötzlich um das Maß der Saughöhe verringert, die Turbine würde nicht mehr die verlangte Leistung hergeben, ernste Betriebsstörung wäre die Folge.

Die sich im Unterdruck ausscheidende Luft ist überhaupt der ernsteste Störenfried. An den Schaufelspitzen im Austritt bilden sich die tiefsten Drucksenkungen und zwar umso tiefer, je größer die Saughöhe gewählt wurde. Dort scheidet sich Luft am ehesten ab und wirkt ähnlich, wie naszierender Sauerstoff, Metall stark angreifend. Bei luftreichem Wasser werden durch ihn die Schaufeln oft in überraschend kurzer Zeit bis zur Unbrauchbarkeit angefressen. Man wird also das Saugrohr einer Turbine so kurz wie möglich machen und nur gerade so lang, daß die Turbinenwelle hochwasserfrei steht, damit die Dynamos nicht durch Wassereinbruch gefährdet werden können.

3. Überdruckturbinen

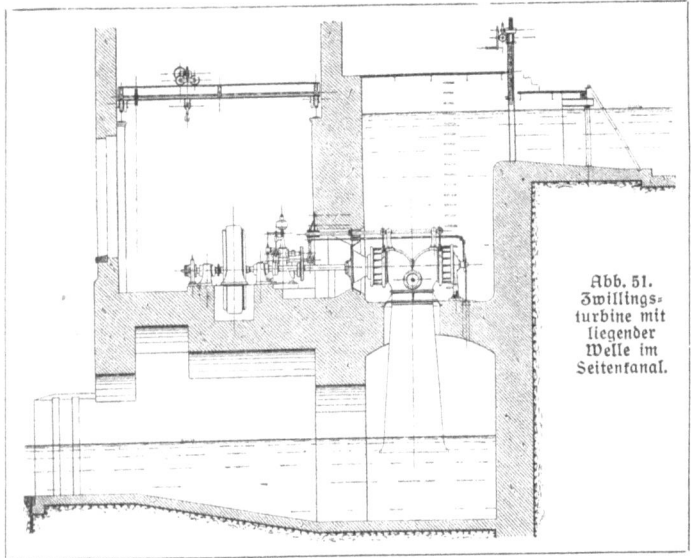

Abb. 51. Zwillingsturbine mit liegender Welle im Seitenkanal.

Bei großen Leistungen ist unter allen Umständen der Stromerzeuger unmittelbar mit der Turbine zu kuppeln, d. h. der Antrieb hat ohne Zwischenübertragung zu erfolgen. Dazu muß der Durchmesser des Laufrades so klein gewählt werden, daß die für unmittelbare Kupplung hinreichende Umlaufzahl erzielt wird. Bei kleinem Durchmesser ist die Schluckfähigkeit des Laufrades in der Regel kleiner, als daß die ganze zur Verfügung stehende Wassermenge verarbeitet werden könnte. Es sind daher soviel Räder nebeneinander anzuordnen, wie die gesamte Wassermenge verlangt. In Abb. 51 ist durch zwei Laufräder die Umlaufzahl bereits soweit gesteigert, daß direkte Kupplung mit dem Stromerzeuger möglich wurde. Die Abbildung 52 zeigt eine vierfache Turbine. Die Saugrohre sind in Beton ausgeführt. Häufig treibt man die Unterteilung noch weiter, acht Räder auf einer Welle sind nichts Seltenes, wenngleich wohl die Grenze des Zulässigen.

Infolge des Saugrohres wird die Fallhöhe, auch wenn sie schwankt, stets vollständig ausgenützt, und es geht nichts durch Freihang verloren, wie bei den Freistrahlturbinen, die nicht im Unterwasser waten dürfen und also stets so hoch über Unterwasser aufgestellt werden müssen, daß auch bei Hochwasser noch freier Gang gewährleistet ist. Bei Niedrigwasser ist daher bei Freistrahlturbinen stets ein entsprechender Freihang vorhanden; der Freihang macht in der Regel nicht allzuviel aus, weil Freistrahlturbinen nur bei genügend hohem

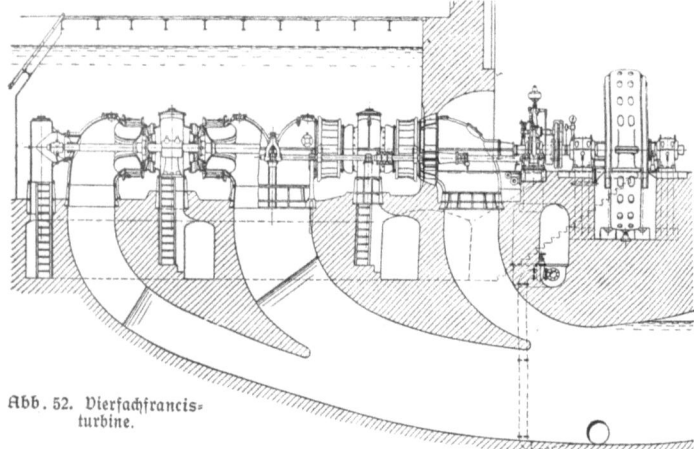

Abb. 52. Vierfachfrancisturbine.

Gefälle zur Anwendung kommen; muß indessen eine solch hohe Aufstellung gewählt werden, daß der Verlust an Gefälle unerträglich würde, so kann auch bei Peltonrädern ein Saugrohr angewandt werden. Der Betrieb ist jedoch nicht einfach, da die Gefahr vorliegt, daß die Luft allmählich mit fortgeführt wird, wodurch das Wasser in die Höhe gezogen werden kann, und wenn keine Vorsichtsmaßregeln getroffen sind, das Laufrad unter Wasser setzt, was sehr schädlich ist. Francisturbinen sind, wie jede vollbeaufschlagte Überdruckturbine, naturgemäß unempfindlich gegen Überfluten.

4. Die Regulierung der Turbine. Die jetzt allgemein zur Herrschaft gekommenen Turbinenarten, die Francis- und Becherturbine, hätten die Vorgänger nicht so restlos verdrängen können, hätten sie außer der hervorragenden Fähigkeit, sich den verlangten Umlaufzahlen anzupassen, nicht den Vorzug der bequemen Regulierbarkeit. Überließe man die Turbinen, gleichgültig welcher Bauart, sich selbst, so stellte sich bei jeder Belastungsschwankung eine Änderung der Umlaufzahl ein, und zwar steigt die Tourenzahl bei Verringerung der Belastung und

4. Die Regulierung der Turbine

umgekehrt fällt sie bei steigender Last. In etlichen Betrieben, etwa den elektrochemischen, stört die Tourenzahländerung, die eine Spannungsänderung des Stromerzeugers zur Folge hat, nicht sonderlich, in anderen, z. B. den Betrieben für Schaffung von Licht, ist die Tourenzahlschwankung äußerst störend. Auch in Spinnereien darf im Interesse der leicht zerreißbaren Fäden und des gleichartigen Produktes die Tourenzahl der Spindeln nicht schwanken. Es müssen deshalb an die Regulierung besonders hohe Anforderungen gestellt werden, nämlich: daß eine Tourenzahlsteigerung bei vollständiger Entlastung um höchstens 2 bis 3 % auftreten dürfe. Größere Umlaufschwankungen machen sich bei Lichterzeugung im Zucken des Lichtes unangenehm bemerkbar.

Die Regulierung bei der außenbeaufschlagten Vollturbine geschieht fast ausnahmslos durch Drehschaufeln, eine Erfindung des Berliner Professors Fink und dieser Erfindung verdankt es die Francisturbine, daß sie alle anderen Systeme der Vollturbinen hat vollständig verdrängen können.

Die Abb. 53 und 54 zeigt in dem äußeren Schaufelkranz solche Leitschaufeln, die um ihren mittleren Bolzen drehbar sind. Die Drehung erfolgt durch einen in der Hälfte gezeichneten zum Laufrad konzentrischen Ring, der den äußeren Bolzen jeder Schaufel in einem Gelenk faßt. Der Ring selbst wird durch zwei Kurbeln, die im Aufriß zu sehen sind, bewegt. Die Schaufeln können, wie punktiert eingezeichnet, bis zum vollständigen Wasserabschluß bewegt werden. Dann kommt die Turbine natürlich zum Stillstand. Mit der Öffnung der Leitschaufeln nimmt der Strudel (f. Abb. 42) im Laufradraum steigende Gewalt an, bis er bei einem bestimmten Wasserzufluß und der Stellung, die stoßfreiem Eintritt entspricht, den Größtwert an Leistung zu übertragen imstande ist. Bei Belastungsschwankungen hat man also lediglich den Leitapparat entsprechend zu verstellen. Bei dieser Verstellung verlangt man von dem Verstellorgan eine recht beträchtliche Arbeitsleistung, da die Widerstände bei der Verschiebung des Ringes und der Leitschaufeln sehr bedeutend sind. Jeder kennt den Geschwindigkeitsregler der Dampfmaschine, jene beiden an einem Hebelsystem aufgehängten Massen, häufig in Gestalt von Kugeln, die durch ein Zwischengetriebe durch die Kraftmaschine angetrieben umlaufen, wobei die durch Federkraft zusammengehaltenen Kugeln infolge der Zentrifugalkraft um so weiter auseinander gehen, je größer die Umlaufzahl ist. Ein solcher Regulator könnte nun bei geänderter Umlaufzahl nicht die Kraft auf-

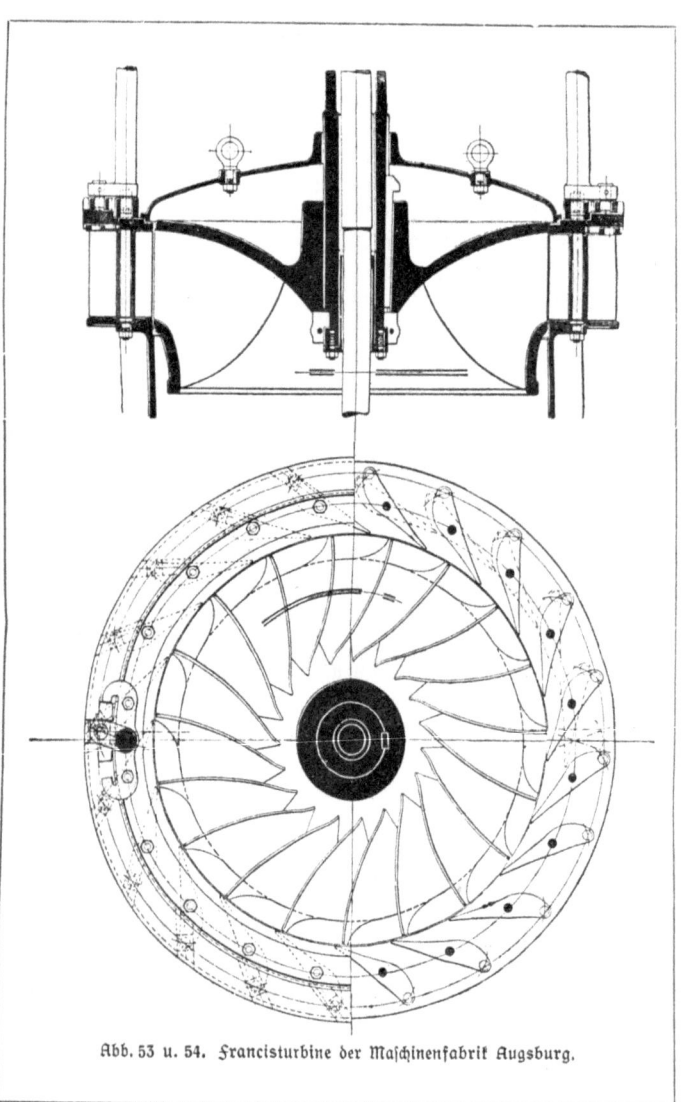

Abb. 53 u. 54. Francisturbine der Maschinenfabrik Augsburg.

4. Die Regulierung der Turbine

bringen, den Leitapparat einer Turbine zu verstellen. Dagegen reicht die Kraft, um einen Motor irgendwelcher Art in Gang zu setzen, der seinerseits nun die Verstellung besorgt. Jetzt muß nur noch Vorsorge getroffen werden, daß der Motor zur rechten Zeit stoppt und der Vorgang genügend gedämpft wird, daß nicht etwa der Leitapparat zu weit bewegt wird, was den umgekehrten Reguliervorgang alsdann auslöste und dann endlose Schwankungen um die Gleichgewichtslage, die angestrebte Stellung, hervorrufen würde. Erreicht wird das Ziel durch die sogenannte Rückführung, die den Eingriff des Pendelreglers wieder ausschaltet, noch bevor die Umlaufzahl ihren tiefsten oder höchsten Stand erreicht hat. Würden nämlich die Leitschaufeln während des vollen Regulierprozesses durch die Pendelregler verstellt, so würden sie um ebenso viel zu tief bzw. zu hoch geführt, wie die Belastung bei Eintritt der Regelung geringer oder größer war, als die Arbeitsleistung der Turbine. Ein ewiges Pendeln wäre die Folge.

In der Abb 49 erkennt man den Regulator. Auch der Hilfsmotor ist dort zu sehen, der ein Gestängepaar bewegt, durch das ein außen liegender Ring verdreht wird, der in Zapfen einer großen Reihe von Hebelpaaren liegt, die mit je einer innen liegenden Leitschaufel verbunden sind. Die Rückführung wird durch das ebenfalls sichtbare Gestänge am Regulator bewirkt.

Bei den Becherturbinen tritt grundsätzlich die gleiche Reguliervorvorrichtung auf, nur bewegt der durch den Regulator betätigte Hilfsmotor eine Nadel, wie in Abb. 55 erkennbar. In Abb. 38 ist die Reguliernadel von Hand verstellbar. Man richtet auch wohl eine Düsenwand verstellbar ein, derart, daß der Strahlaustrittsquerschnitt, den man dann rechteckig wählt, sich ändert und also auch der Wasserverbrauch.

Mit der Verstellung der Leitschaufeln oder der Düsenwand oder der Einregulierung der Nadel, ist nun der Reguliervorgang nicht erschöpft. Indem nämlich der Regulator den Wasserausfluß, sei es durch Schließen der Leitschaufeln oder durch Verkleinern des Strahlquerschnittes, verringert, wird die

Abb. 55. Peltonturbine mit Nadelregulierung.

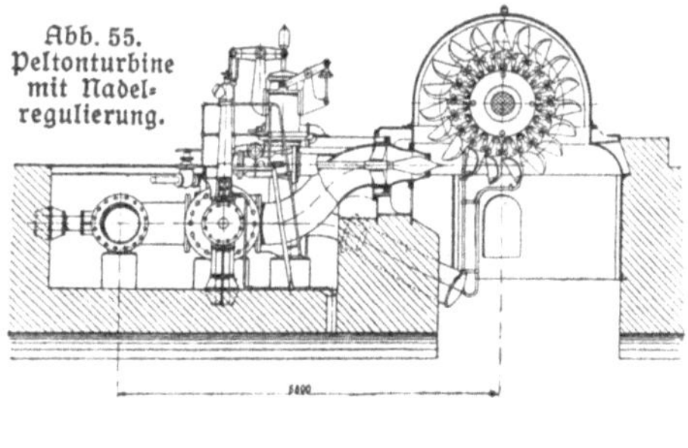

Wassergeschwindigkeit in dem Zulaufrohr heruntergesetzt. Nun ist die in ihm enthaltene Wassermasse von beträchtlicher Größe und sie enthält schon bei kleinen Anlagen solche lebendige Kraft, daß eine kleine Verringerung der Geschwindigkeit schon bedeutende Arbeitsvernichtung verlangt. Bei großen Anlagen gar mit kilometerlangen Druckleitungen ist die Beherrschung der Wassermassen ein recht schwieriges Problem. Die größten Beanspruchungen in den Rohrleitungen treten auf, wenn etwa durch Kurzschluß in dem von den Turbinendynamos gespeisten Netz die Stromerzeuger abgeschlossen werden müssen. Die Wucht der rasch abgeschlossenen Wassermassen läßt sich gut mit der lebendigen Kraft eines Güterzuges vergleichen. Den plötzlich zum Halten zu bekommen ist auch nicht möglich und die Gefahr, daß durch die aufgespeicherte Kraft Zerstörungen angerichtet werden, ist um so größer, in je kürzerer Zeit eine Bremsung — ein Abschließen der Druckleitung — versucht wird. Diese Zeit darf also nicht zu kurz sein, andererseits verlangt prompte Regulierung tunlichst kurze Zeit. Es muß vor allem deshalb dem Wasser aus der geschlossenen Rohrleitung ein Ausweg bleiben.

Bei Schwamkrugturbinen und Becherturbinen lenkte man das Wasser gelegentlich seitlich ab, so daß ein Teil nur zur Beaufschlagung des Laufrades und zur Arbeitsleistung diente. Das bedeutet jedoch eine nicht unerhebliche Wasservergeudung, die auf die Dauer unerträglich war, auch führte der abgelenkte Strahl, der noch volle Wucht besitzt, häufig zu Fundamentzerstörungen. Man vermeidet deshalb gern die Strahlablenkung und ordnet dafür lieber einen Freilaß an, der in demselben Maße durch den Regler geöffnet, wie die Turbinendüse geschlossen wird. Nachdem die Turbine ihr neues Gleichgewicht gefunden hat, wird dann der Freilaß ebenfalls durch den Regler so langsam wieder geschlossen, daß die hierdurch bedingte Verzögerung der Wassermassen gefahrlos wird.

Diese Art der Druckregelung bei dem Regulierungsorgan ist indessen nur für Strahlturbinen, nicht aber für Vollturbinen anwendbar. Man hat bei diesen daher gelegentlich vor der Turbine ein Standrohr aufgesetzt, das oben offen auf solche Höhe geführt wird, daß das Wasser nicht ausfließen kann, daß das Rohr also über den Oberwasserspiegel hinausreicht. Wird nun die Turbine abgesperrt, so fließt das Wasser der Druckleitung anstatt in die Turbine in dieses Steigrohr, dessen Füllung vermehrend. Die größere Füllung bremst dann allmählich die Wucht

1. Die Wassersäulenmaschine 113

des Wassers in der Druckleitung ab. Man wird in der Regel die Turbine möglichst nahe an das Wasserschloß bauen und dann kann dieses das Steigrohr ersetzen. Bei dem Abfluß der Turbine steigt der Wasserspiegel in dem Wasserschloß über seine normale Lage an, um dann wieder abzusinken, wobei Wasser in die Zuführungsleitung des Wasserschlosses zurückfließen kann. Bevor dieser umgekehrte Strom wieder abgebremst ist, wird der Wasserspiegel unter seinen normalen Stand gesunken sein und ewige Schwingungen höchst lästiger Art könnten sich daraus entwickeln, höchst lästig, weil ja den Schwingungen des Wasserspiegels im Schloß entsprechend das Gefälle für die Turbine schwankt, womit die Umlaufzahl pendelt, so daß der Regulator aus dem Regulieren nicht herauskommt. Außerdem können diese Schwingungen solche Gewalt annehmen, daß die Leitung gesprengt wird. Abhilfe gegen diese Schwingungen schafft sachgemäße Berechnung, die allerdings ziemlich verwickelt ist, so daß die Regulierung der Turbinenanlagen zu den schwierigsten, indessen gelösten, Problemen des modernen Maschinenbaues zu rechnen ist.

D. Sonstige Wasserkraftmaschinen.

1. Die Wassersäulenmaschine. Wie die Kolbendampfmaschine in der Dampfturbine ihr Gegenstück hat, so hat die Wasserturbine ihr Gegenstück in der Wassersäulenmaschine. Bei den Maschinen zur Ausnutzung des Dampfes war die Kolbenmaschine, deren wesentlichster Bestandteil ein Zylinder ist, in dem ein Kolben vom Dampfdruck wechselweise vor und zurückgeschoben wird, soweit entwickelt, daß nichts zu tun mehr übrig blieb, als man das Turbinenprinzip auf die Dampfmaschine anwandte. Die Turbine hat vor der Kolbenmaschine das voraus, daß das Kraftmittel sogleich eine Drehung erzeugt, nicht erst eine hin- und hergehende Bewegung, die durch besondere immerhin kraftverzehrende Mechanismen erst in drehende Bewegung umgesetzt werden muß. Die hin- und hergehende, also unstetige Bewegung, der Richtungswechsel, verhindert die Anwendung großer Geschwindigkeiten und beeinträchtigt damit die Wirtschaftlichkeit, weil große Energieleistungen sehr große Maschinen und einen sehr großen Raum erfordern, während die stetig arbeitende Dampfturbine die Grenze der Geschwindigkeit erst bei der Festigkeit des Rades findet: während die mittlere Kolbengeschwindigkeit kaum über 4 m/s betragen darf, ist die Umlaufgeschwindigkeit gewisser Dampfturbinenräder auf 450 m/s

D. Sonstige Wasserkraftmaschinen

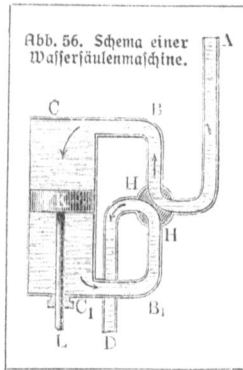

Abb. 56. Schema einer Wassersäulenmaschine.

getrieben worden. Die Kraftwirkungen verhalten sich also bei gleicher Leistung wie 1 : 112,5.

Bei der Verwendung von Druckwasser hat die Kraftmaschine mit hin= und hergehendem Kolben im Gegensatz zur Dampfmaschine nur sehr geringe Anwendung gefunden, wohl weil die unmittelbar Drehung erzeugende Kraftmaschine, das Wasserrad, viel früher vorhanden und ihr Vorzug erkannt war. Indessen war die Verwendung von Wasserrädern auf Fallhöhen unter 20 m beschränkt und solange man die Hochdruckturbinen nicht kannte, war die Wasserkolbenmaschine die einzige, die große Fallhöhen ausnutzen konnte.

Man nennt diese Maschine Wassersäulenmaschine, weil sie von Wassersäulen in Tätigkeit gehalten wird. Abb. 56 zeigt die Wirkungsweise. Das Druckwasser wirkt abwechselnd auf die beiden Seiten des Kolbens, indem eine Steuerung durch den Hahn H bei Umkehr des Kolbens die eine Seite, die bisher mit dem Druckrohr A verbunden war mit dem Ablauf B verbindet und so das verbrauchte Druckwasser abfließen läßt und der andern Seite neues Druckwasser zuführt.

Die Maschinen fanden früher wohl Anwendung zum Antrieb von Pumpen in Bergwerken, haben heute indessen nur mehr geschichtliches Interesse. Berühmt sind die Wassersäulenmaschinen, die von Reichenbach ersonnen und 1808 bis 1810 erbaut wurden zur Hebung der Salzsole über die zwischen Berchtesgaden und Reichenhall gelegenen Höhe. Die Maschinen haben über 100 Jahre einwandfrei gearbeitet.

2. Hydrokompressor. Eine andere sehr alte Form der Wasserkraftmaschine hat sich indessen im Bergwerkbetrieb noch erhalten und in neuerer Zeit wieder Fortschritte gemacht. Es ist das der hydraulische Kompressor, wohl die einfachste Maschine, die es gibt. Ihre Wirkungsweise erhellt aus der Abb. 57.

Das Kraftwasser läßt man in ein vertikales Rohr einströmen, das an einer Stelle nahe dem Einlauf zu einer Düse sich verengt, so daß

2. Hydrokompressor

dort große Wassergeschwindigkeit und damit ein Unterdruck gegen die äußere Atmosphäre entsteht. Macht man in dem Fallrohr dort also Schlitze, so tritt dort nicht etwa Wasser aus, im Gegenteil, es wird Luft eingezogen. Diese Luft mischt sich mit dem Wasser und wird nach unten mit fortgerissen. Das Wasserluftgemisch fällt in einen geschlossenen Behälter, in dem sich das Wasser beruhigt und daher die Luft freigibt. Die Luft sammelt sich in der Haube des Behälters und wird zu einem solchen Druck verdichtet, wie es die Höhe des Steigrohres, das vom Boden des Behälters aus aufsteigt, angibt. Die Preßluft wird das auf dem Boden sich sammelnde Wasser wieder aus

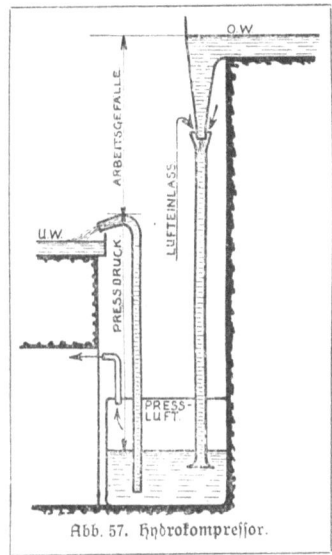

Abb. 57. Hydrokompressor.

dem Gefäß hinausbefördern. Die Preßluft, die sich um die oben eingesaugte Luft vermehren wird, kann ohne weiteres und stetig unter Tag zum Betrieb von Druckluftwerkzeugen, Ventilatoren und sonstigen wertvollen Arbeiten verwandt werden. Der Druck, den das Arbeitsgefälle erzeugt, ist unabhängig vom Gefälle, hängt nur ab von der Tiefe, in der man den Preßluftfänger aufstellt, also von der Höhe des Steigrohres ab. Je größer man die Tiefe wählt, desto kleiner wird naturgemäß bei gegebener Wasserkraft die angesaugte Luftmenge werden.

Diese Kompressoren bestechen durch ihre Einfachheit und die Anspruchslosigkeit an Wartung und haben einen ganz hervorragenden Wirkungsgrad. In der Zeitschrift des Vereins Deutscher Ingenieure vom Jahrgang 1910 Seite 1903 sind Versuche mitgeteilt, die 70, ja sogar 81% Wirkungsgrad ergeben haben. Man muß bei der Wertung solcher Zahlen bedenken, das man bei Ausnutzung der Wasserkraft etwa durch Peltonräder für die Turbine allein 19% Verlust und dann noch für den Kompressor 30% Verlust zu rechnen hätte, so daß sich die von gleicher Wasserkraft erhaltenen Preßluftmengen verhalten wie 0,81:0,80

8*

D. Sonstige Wasserkraftmaschinen.

$\times 0{,}70 = \sim 10:7$. Die einfache Maschine (Abb. 57) liefert also 43% mehr Preßluft! Im Harz und in den Bergwerken an der Lahn sind solche hydraulischen Kompressoren im Betrieb. Die größte derartige Anlage befindet sich in den Vereinigten Staaten mit 4000 PS.

Warum diese so einfache und gute Maschine nicht mehr in Anwendung kommt, ist nicht ersichtlich, vielleicht hängt es damit zusammen, daß die theoretischen Einzelheiten noch unklar sind und deshalb gelegentliche Fehlschläge Mißtrauen gegen das Ganze hervorgerufen haben.

Grundriß der Hydraulik. Von Hofrat Dr. Ph. Forchheimer, Prof. a. d. techn. Hochschule in Wien. Mit 114 Fig. i. Text. [V u. 118 S.] 8. 1920. (Teubners techn. Leitfäden. Bd. 8.) Kart. . . . . M. 20.50

Der Grundriß ist ebenso für die Studierenden der technischen Hochschule wie für den praktisch tätigen Ingenieur bestimmt. Die Darstellung stellt die praktischen Bedürfnisse in den Vordergrund und berücksichtigt infolge der Beschränkung auf das im allgemeinen Nötige die Theorie nur insoweit, als sie die notwendige Grundlage für die Lösung technischer Aufgaben ist. Zahlreiche Beispiele und Abbildungen erhöhen die Anschaulichkeit.

Hydraulik. V. Hofrat Dr. Ph. Forchheimer, Prof. a. d. techn. Hochschule in Wien. [X u. 566 S.] gr. 8. 1914. Geh. M. 45.—. Geb. M. 55.—

„In selten übersichtlicherWeise enthält dasWerk neben den theoretischen Entwicklungen ein so reiches Material aus allen einschlägigen Versuchsergebnissen ältester bis neuester Zeit, daß es einen wichtigen Berater darstellt." (Ztschr. d. Ver. dtsch. Ing.)

Theorie der Wasserräder. Von Ing. Dr. R. v. Mises, Prof. an der techn. Hochschule Dresden. [II u. 120 S.] gr. 8. 1908. Geh. M. 9.—

„Wer mit ausreichenden mathematischen Kenntnissen ausgerüstet ist, wird das Werk gewiß nicht ohne großen Nutzen lesen." (Rundschau f. Techn. Wirtsch.)

Elemente der technischen Hydromechanik. Von Ing. Dr. R. v. Mises, Prof. a. d. techn. Hochschule Dresden. [VIII u. 212 S.] 8. 1914. I. Teil. Mit 72 Fig. im Text. Kart. . . . . M. 15.—

„Auf dem Gebiete der Hydromechanik sind heute unsere Kenntnisse und Darstellungsformen noch recht unvollkommen und so ist auch nach dieser Richtung hin das Buch zu begrüßen, das nicht an den Bedürfnissen der Technik vorübergegangen ist. Es kann jedem, der einigermaßen mit der Mathematik vertraut ist, nur dringend empfohlen werden, sich das Buch anzuschaffen." (Das Wasser.)

Lehrbuch der Hydrodynamik. Von Dr. H. Lamb, Prof. a. d. Viktoria-Univ. Manchester. Deutsch von Joh. Friedel-Charlottenburg. Mit 79 Fig. [XVI u. 787 S.] gr. 8. 1907 . . . . M. 50.—

„Das vorliegende Werk behandelt die Hydrodynamik — bekanntlich einen der schwierigsten Zweige der Mechanik — in so wissenschaftlicher und umfassender Weise wie kein anderes seiner Art." (Zentralblatt der Bauverwaltung.)

Wasserbau. Leitfaden für Praxis u. Schule. Von Reg.-Baumeister Prof. Fr. Fresow. Oberlehrer a. d. staatl. Baugewerkschule in Hildesheim. [IV u. 81 u. 68 S.] gr. 8. 1920. . . . . M. 24.—

Der Wasserbau. Gemeinverständl. Übersicht seiner Gebiete und Probleme. Von Dr. Ing. R. Weyrauch, weil. Prof. a. d. techn. Hochschule in Stuttgart. [32 S.] gr. 8. 1908. Geh. . . . . M. 3.—

Hydrographie. Von Prof. Dr. H. Gravelius. [In Vorb. 1921.]

Verlag von B. G. Teubner in Leipzig und Berlin

Die in diesen Anzeigen angegebenen Preise sind die ab 1. Juli 1921 gültigen als freibleibend zu betrachtenden Ladenpreise, zu denen die meinen Verlag vorzugsweise führenden Sortimentsbuchhandlungen sie zu liefern in der Lage und verpflichtet sind, und die ich selbst berechne. Sollten betreffs der Berechnung eines Buches meines Verlages irgendwelche Zweifel bestehen, so erbitte ich direkte Mitteilung an mich.

Die elementare Mechanik. Eine Begründung der allgemeinen Mechanik; die Mech. d. Systeme starrer Körper; d. synthet. u. d. Elemente d. analyt. Methoden sowie eine Einführ. i. d. Prinz. d. Mech. deformierbarer Systeme. Von Dr. G. Hamel, Prof. a. d. Techn. Hochsch., Charlottenburg. Mit 265 Fig. [XVII u. 634 S.] gr. 8. 1912. Geh. M. 60.—, geb. M. 70.—

Mechanik. Von Dr. G. Hamel, Professor an der Techn. Hochschule Charlottenburg. Bd. I: **Grundbegriffe der Mechanik.** Mit 38 Fig. im Text. [132 S.] 8. 1921. Bd. II: **Mechanik der festen Körper.** Bd. III: **Mechanik der flüssigen und luftförmigen Körper.** (ANuG Bd. 684/86.) Kart. je M. 6.80, geb. je M. 8.80. [Bd. II u. III in Vorbereitung 1921.]

Leitfaden der Statik. Von Reg.-Baumeister A. Schau, Gewerbeschulrat und Direktor der staatlichen Baugewerkschule in Essen:

Teil I: **Grundgesetze.** Anwend. d. stat. Gesetze a. Trägerordn. Einf. Stabkonstruktionen u. ebene Fachwerkträger. 3. Aufl. Mit 185 Abb. i. Text. [VIII u. 105 S.] gr. 8. 1921. Kart. M. 16.20.

Teil II: **Festigkeitslehre.** Zug- und Druckfestigkeit, Schubfestigkeit, Biegungsfestigkeit u. Knickfestigkeit. 2. Aufl. Mit 208 Fig. [VI u. 149 S.] gr. 8. 1919. Steif geh. M. 12.60.

Teil IIIa: **Für die Hochbauabteilungen.** Mit 238 Abb. i. T. [VI u. 108 S.] gr. 8. 1921. Kart. M. 15.30.

Teil IIIb: **Für Tiefbauabteilungen.** [U. d. Pr. 1921.]

Teil IVa: **Die Statik der Eisenbetonbauten.** Mit 113 Abb. [IV u. 135 S.] gr. 8. 1921. Kart. M. 19.80.

Teil IVb: **Für Tiefbauabteilungen.** [U. d. Pr. 1921.]

Vorlesungen über technische Mechanik. Von Geh. Hofrat Dr. A. Föppl, Professor an der Techn. Hochschule München. gr. 8.

I. Bd.: **Einführung in die Mechanik.** 7. Aufl. Mit 104 Fig. 1921.
II. Bd.: **Graphische Statik.** 5. Auflage. Mit 209 Abb. [XII u. 404 S.] 1920. Geh. M. 50.—, geb. . . . . M. 60.—
III. Bd.: **Festigkeitslehre.** 8. Auflage. Mit 114 Abb. [XVIII u. 446 S.] 1920. Geh. M. 53.—, geb. . . . . M. 63.—
IV. Bd.: **Dynamik.** 6. Aufl. Mit 86 Fig. [X u. 417 S.] 1921. Geh. M. 50.—, geb. M. 60.—
V. Bd.: **Die wichtigsten Lehren der höheren Elastizitätstheorie.** 3. unver. Auflage. Mit 44 Fig. [XII u. 391 S.] 1920. Geh. M. 50.—, geb. . . . . M. 60.—
VI. Bd.: **Die wichtigsten Lehren der höheren Dynamik.** 3. unv. Abdr. Mit 30 Abb. im Text. [XII u. 484 S.] 1920. Geh. M. 58.—, geb. . . . . M. 70.—

Kraftmaschinen. Teil III der Fachkunde f. Maschinenbauerklassen an gewerbl. Fortbildungsschulen. Bearb. von Gewerbeschulr. Uhrmann-Köln u. Ing. u. Gewerbelehrer F. Schuth-Köln. Mit 98 Abb. [II u. 80 S.] gr. 8. 1921. Kart. . . . . M. 8.10

Maschinenbau. Von Ing. O. Stolzenberg, Dir. d. Gewerbeschule u. der gewerblichen Fach- und Fortbildungsschulen zu Charlottenburg.

I. Bd.: **Werkstoffe des Maschinenbaues und ihre Bearbeitung auf warmem Wege.** Mit 255 Abb. im Text. [IV u. 177 S.] gr. 8. 1920. Geh. M. 24.—
II. Bd.: **Arbeitsverfahren.** Mit 750 Abb. im Text. [IV u. 315 S.] gr. 8. 1921. Geb. M. 45.—
III. Bd.: **Methodik der Fachkunde u. Fachrechnen.** Mit ca. 35 Abb. im Text. [In Vorb.]

Verlag von B. G. Teubner in Leipzig und Berlin

Preise freibleibend

Teubners technische Leitfäden

Die Leitfäden wollen zunächst dem Studierenden, dann aber auch dem Praktiker in knapper, wissenschaftlich einwandfreier und zugleich übersichtlicher Form das Wesentliche des Tatsachenmaterials an die Hand geben, das die Grundlage seiner theoretischen Ausbildung und praktischen Tätigkeit bildet. Sie wollen ihm diese erleichtern und ihm die Anschaffung umfänglicher und kostspieliger Handbücher ersparen. Auf klare Gliederung des Stoffes auch in der äußeren Form der Anordnung wie auf seine Veranschaulichung durch einwandfrei ausgeführte Zeichnungen wird besonderer Wert gelegt. — Die einzelnen Bände, für die vom Verlag die ersten Vertreter der verschiedenen Fachgebiete gewonnen werden konnten, erscheinen in rascher Folge. Bisher sind erschienen bzw. unter der Presse:

Analytische Geometrie. Von Geh. Hofrat Dr. R. Fricke, Professor an der Techn. Hochschule zu Braunschweig. Mit 96 Fig. [VI u. 135 S.] 1915. (Bd. 1.) M. 7.—
Darstellende Geometrie. Von Dr. M. Großmann, Prof. an der Eidgen. Techn. Hochschule zu Zürich. Bd. I. Mit 134 Fig. [IV u. 84 S.] 1917. (Bd. 2.) M. 10.—
Darstellende Geometrie. Von Dr. M. Großmann, Professor an der Eidgen. Technischen Hochschule zu Zürich. Bd. II. 2., umgearb. Aufl. Mit 144 Fig. [VI u. 154 S.] 1921. (Bd. 3.) Kart. M. 20.—
Differential- und Integralrechnung. V. Dr. L. Bieberbach, o. ö. Prof. a. d. Univ. Frankfurt a. M. I. Differentialrechnung. Mit 32 Fig. [VI u. 130 S.] 1917. (Bd. 4) Steif geh. M. 7.—. II. Integralrechnung. Mit 25 Fig. [VI u. 142 S.] 1918. (Bd. 5.) Steif geh. M. 8.50.
Funktionenlehre. V. Dr. L. Bieberbach, Prof. a. d. Univ. Frankfurt a. M. [U. d. Pr.]
Praktische Astronomie. Geograph. Orts- u. Zeitbestimmung. Von V. Theimer, Adjunkt an der Montanistischen Hochschule zu Leoben. Mit 62 Figuren. [IV u. 127 S.] 1921. (Bd. 3.) Kart. M. 20.—
Feldbuch für geodätische Praktika. Nebst Zusammenstellung der wichtigsten Methoden und Regeln sowie ausgeführten Musterbeispielen. Von Dr.-Ing. O. Israel, Prof. a. d. Techn. Hochschule in Dresden. Mit 46 Fig. im Text. [IV u. 160 S.] 1920. (Bd. 11.) Kart. M. 20.—
Erdbau, Stollen- und Tunnelbau. Von Dipl.-Ing. A. Birk, Prof. a. d. Techn. Hochschule zu Prag. Mit 110 Abb. [V u. 117 S.] 1920. (Bd. 7.) Kart. M. 9.50.
Landstraßenbau einschl. Trassieren. V. Oberbaurat W. Euting, Stuttgart. Mit 54 Abb. i. Text u. a 2 Taf. [IV u. 100 S.] 1920. (Bd.9.) Kart. M. 14.—
Grundriß der Hydraulik. Von Hofrat Dr. Ph. Forchheimer, Prof. a. d. Techn. Hochschule in Wien. Mit 114 Fig, i. Text. [V u. 118 S.] 1920. (Bd. 8.) Kart. M. 20.50.
Hochbau in Stein. Von Geh. Baurat H. Walbe, Prof. a. d. Techn. Hochschule zu Darmstadt. Mit 302 Fig. im Text. [VI u. 110 S.] 1920. (Bd. 10.) Kart. M. 16.—
Veranschlagen, Bauleitung, Baupolizei, Heimatschutzgesetze. Von Stadtbaur. Fr. Schultz, Bielefeld. Mit 3 Taf. [IV u. 150 S.] 1921. (Bd 12.) Kart. M. 23.50.
Mechanische Technologie. V. Dr. R. Escher, Prof. a. d. Eidgen. Techn. Hochsch. zu Zürich. Mit 418 Abb. i. Text. 2. Aufl. [VI u 164 S.] 1921. (Bd. 6.) Kart. M. 20.—

In Vorbereitung sind auf dem Gebiete

DER MATHEMATIK UND DES MASCHINENBAUES:

Höhere Mathematik. 2 Bde. Von Dr. R. Rothe, Prof. a. d. Techn. Hochschule Berlin.
Versicherungsmathematik. Von Reg.-Rat Dr. P. E. Böhmer, Prof. an der Technischen Hochschule Dresden.
Praktische Geometrie. Von Dr.-Ing. Heinrich Hohenner, Prof. an der Technischen Hochschule Darmstadt.
Maschinenelemente. 2 Bde. V. K. Kutzbach, Prof. a. d. Techn. Hochsch. Dresden.
Thermodynamik. 2 B. V. Geh. Hofr. Dr. R. Mollier, Prof. a. d. Techn. Hochschule Dresden.
Kolbenkraftmaschinen. V. Dr.-Ing. A. Nägel, Prof. a. d. Techn. Hochsch. Dresden.
Dampfturbinen und Turbokompressoren. Von Dr.-Ing. H. Baer, Prof. an der Technischen Hochschule Breslau.
Wasserkraftmaschinen und Kreiselpumpen. Von Oberingenieur Dr.-Ing. Franz Lawaczeck, Halle.
Grundlagen der Elektrotechnik. 2 Bde. Von Dr. E. Orlich, Prof. an der Technischen Hochschule Berlin.
Elektrische Maschinen. 4 Bde. V. Dr.-Ing. M. Kloß, Prof. a. d. Techn. Hochsch. Berlin.
Baustoffe des Maschinenbaues. Von Dr. W. Schwinning, Prof. an der Technischen Hochschule Dresden.
Mech. Technologie der Textilindustrie. Von Dr.-Ing. W. Frenzel, Delft.

Verlag von B. G. Teubner in Leipzig und Berlin

Preise freibleibend

Zeitgemäße Betriebswirtschaft. Von Dr.-Ing. G. Peiseler. I. Teil: Grundlagen. Geb. M. 34.—

Das Werk entwickelt ein umfassendes System der deutschen Betriebswirtschaft, indem es von dem wirtschaftlichen Aufbau des Einzelunternehmens (technisches Büro, Einkauf, Fertigung, Vertrieb, Selbstkostenberechnung, Preisbildung) ausgehend, alle grundlegenden Fragen, die unsere heutige Wirtschaft beherrschen, (Verteilung des Ertrages, Wirtschaftsfrieden, Produktionssteigerung, Taylorsystem, verbandsmäßige Preisbildung, Geldentwertung, Auslandsteuerungslage) in ihrem inneren Zusammenhange behandelt. Die Darstellung ist nach dem Grundsatz „Wahrheit und Klarheit" ohne jede Parteinahme allein auf das Wohl aller Arbeitenden gerichtet, denen sie zu ihrem eigenen Nutzen und zum Wohle der allgemeinen deutschen Sache eine Fülle von Anregungen bieten wird.

Die Bilanzen der privaten und öffentlichen Unternehmungen. Von Prof. Dr. phil et jur. R. Passow. 2 Bände.

Band I: Allgemeiner Teil. 3. Aufl. Geh. M. 40.—, geb. M. 50.—. Band II: Die Besonderheiten in den Bilanzen der Aktiengesellschaften, Gesellschaften mit beschränkter Haftung, Genossenschaften der bergbaulichen, Bank-, Versicherungs- und Eisenbahnunternehmungen, der Elektrizitäts-, Gas- und Wasserwerke sowie der staatlichen und der kommunalen Erwerbsbetriebe. 2. Aufl. Geh. M. 32.30, geb. M. 40.—

Mathematik des Geld- und Zahlungsverkehrs. Von Prof. Dr. A. Loewy. Geh. M. 27.50, geb. M. 32.50.

Das Werk bietet, ohne höhere mathematische Kenntnisse vorauszusetzen, Belehrung über die finanziellen Berechnungen, die beim Geldverkehr in der Haus- und Volkswirtschaft von Bedeutung sind, z. B. Zins und Diskont, Kontokorrent, Kauf von Wechseln und Wertpapieren, Arbitrage, Amortisationshypotheken, Erbbaurecht, Abschreibungen, tilgbare Anleihen, Rentenanleihen, Kursparität usw.

Lehrbuch der Physik. Von Oberrealschuldir. E. Grimsehl. Zum Gebrauch beim Unterricht, bei akad. Vorles. u. zum Selbststudium. 2 Bde. bearb. von Prof. Dr. W. Hillers u. Prof. Dr. H. Starke. I. Band: Mechanik, Wärmelehre, Akustik u. Optik. 5. verm. u. verb. Aufl. Mit 1049 Fig., 10 Fig. a. 2 farb. Taf. u. 1 Titelbild. Geh. M. 80.—, geb. M. 95.—. II. Bd.: Magnetismus u. Elektrizität. 4. verm. u. verb. Aufl. Mit 548 Fig. Geh. M. 55.—, geb. M. 65.—

„Das sehr flüssig geschriebene Werk behandelt den Stoff in klarer, einfacher Weise, durch häufig eingeschobene Beispiele die gegebenen Betrachtungen festigend, so daß auch beim Selbststudium wohl nirgends Schwierigkeiten auftreten werden. Es ist nicht nur die Materie als solche abgehandelt sondern der Verfasser versucht es, indirekt den Leser zum Forschen und Experimentieren anzuregen, wozu ganz besonders die soweit als möglich vereinfachten, aber doch sehr zweckmäßigen Apparate, welche zur Selbstherstellung ermuntern, beitragen. Angenehm fällt es auf, daß zu den Abbildungen von Apparaten lediglich solche neuesten Typs verwendet sind." (Dinglers Polytechn. Journal.)

Grundriß der Physik. Für höhere Lehranstalten und Fachschulen sowie zum Selbstunterricht. Von Oberlehrer Dr. K. Hahn. Mit 326 Figuren. Geh. M. 18.—, geb. M. 21.60.

Der Grundriß der Physik soll in „knappester Form" und in „streng logischem Aufbau" eine Darstellung der Experimentalphysik geben, die bis zu den „neuesten Ergebnissen der Forschung" führt.

Kleiner Leitfaden der praktischen Physik. Von Professor Dr. Fr. Kohlrausch. 4. Aufl. bearb. von Prof. Dr. H. Scholl. Mit 165 Abbildungen im Text. Geh. M. 30.—, geb. . . . . M. 35.—

Die neue, von Professor Scholl-Leipzig bearbeitete Auflage stellt eine erhebliche Erweiterung des wertvollen Werkes dar, da das Buch nicht nur dem Universitätspraktikum, sondern auch den Anforderungen des späteren Berufes nutzbar gemacht werden sollte. Die den einzelnen Abschnitten vorangestellten Bemerkungen über physikalische Begriffe und Gesetze stellen in ihrer Gesamtheit zugleich ein kurzes Repetitorium der Experimentalphysik dar.

Physik und Kulturentwicklung durch technische und wissenschaftliche Erweiterung der menschlichen Naturanlagen. Von Geh. Hofrat Prof. Dr. Otto Wiener. 2. Aufl. Mit 72 Abb. Geh. M. 15.—, geb. M. 22.—

„Es ist konzentriertes Wissen, das uns hier geboten wird, die Zusammenfassung der Erkenntnisse und der bisher erzielten höchsten Leistungen auf allen Gebieten der Naturwissenschaft und Technik, ein Spiegelbild des Kulturfortschrittes der Menschheit, soweit es mit Physik zusammenhängt." (Helios.)

Verlag von B. G. Teubner in Leipzig und Berlin

Preise freibleibend

Aus Natur und Geisteswelt

Sammlung wissenschaftlich-gemeinverständlicher Darstellungen aus allen Gebieten des Wissens

Jeder Band ist einzeln käuflich

Kartoniert und gebunden erhältlich

Verlag B. G. Teubner in Leipzig und Berlin

Verzeichnis der bisher erschienenen Bände innerhalb der Wissenschaften alphabetisch geordnet

I. Religion, Philosophie und Psychologie.

Anthroposophie s. Theosophie
Ästhetik. Von Prof. Dr. R. Hamann. 2. Aufl. (Bd. 345.)
Astrologie siehe Sternglaube.
Aufgaben u. Ziele d. Menschenlebens. Von Prof. Dr. J. Unold. 5. verb. A. (Bd. 12.)
Bergpredigt, Die. Von Geh. Kirchenrat Prof. D. Dr. H. Weinel. (Bd. 710.)
Bergson, Henri, der Philosoph moderner Relig. Von Pfarrer Dr. E. Ott. (Bd. 480.)
Berkeley siehe Locke, Berkeley, Hume.
Buddha. Leben u. Lehre d. B. V. Prof. Dr. R. Pischel. 3. A., durchges. v. Prof. Dr. H. Lüders. Mit 1 Titelb. und 1 Taf. (Bd. 109.)
Christentum, Das, im Kampf u. Ausgleich m. d. griech.-röm. Welt. Studien u. Charakterist. a. s. Werdezeit. V. Prof. Dr. J. Geffcken. 3. umg. Afl. (Bd. 54.)
— Christentum und Weltgeschichte seit der Reformation. Von Prof. D. Dr. K. Sell. 2 Bde. (Bd. 297. 298.)
— siehe Jesus, Kirche, Mystik im Christent.
Ethik. Grundzüge d. E. M. bes. Berücksicht. d. päd. Probl. 2. Aufl. V. E. Wentscher. (Bd. 397.)
— s. a. Aufg. u. Ziele, Sexualethik, Sittl. Lebensanschauungen, Willensfreiheit.
Freimaurerei, Die. Eine Einführung in ihre Anschauungen u. ihre Geschichte. Von Geh. Rat Dr. L. Keller. 2. Aufl. von Geh. Archivrat Dr. G. Schuster. (463.)
Glauben und Wissen. Von Privatdoz. Studienrat Lic. W. Bruhn. (Bd. 730.)
Griechische Religion siehe Religion.
Handschriftenbeurteilung, Die. Eine Einführung in die Psychol. d. Handschrift. Von Prof. Dr. G. Schneidemühl. 2., durchges. u. erw. Aufl. Mit 51 Handschriftennachb. i. T. u. 1 Taf. (Bd. 514.)
Heidentum siehe Mystik.
Herbart, Johann Friedrich H.'s Leben und Lehre mit bes. Berücksichtigung seiner Erziehungs- und Bildungslehre. Von Bezirksschulinspektor Dr. Th. Fritzsch. (Bd. 164.)
Hume siehe Locke, Berkeley, Hume.

Hypnotismus und Suggestion. Von Dr. E. Trömner. 3. Aufl. (Bd. 199.)
Jesuiten, Die. Eine histor. Skizze. V. Prof. Dr. H. Boehmer. 4. neub. A. (Bd. 49.)
Jesus. Wahrheit und Dichtung im Leben Jesu. Von Kirchenrat Pfarrer D. Dr. P. Mehlhorn. 3. umg. Aufl. (Bd. 137.)
— Die Gleichnisse Jesu. Zugleich Anleitung z. quellenmäß. Verständnis d. Evangelien. Von Geh. Kirchenrat Prof. D. Dr. H. Weinel. 4. Aufl. (Bd. 46.)
— s. auch Bergpredigt.
Israelitische Religion siehe Religion.
Juden, Geschichte der. J. s. Abt. IV.
Kant, Immanuel. Darstellung und Würdigung. Von Prof. Dr. O. Külpe. 5. Aufl. hrsg. v. Prof. Dr. A. Messer. Mit 1 Bildnis Kants. (Bd. 146.)
Kirche. Geschichte der christlichen Kirche. Von Prof. Dr. H. Frhr. v. Soden: I. Die Entstehung der christlichen Kirche. (Bd. 690.) II. Vom Urchristentum zum Katholizismus. (Bd. 691.)
— siehe auch Staat und Kirche.
Kriminalpsychologie s. Psychologie d. Verbrechers, Handschriftenbeurteilung.
Leben, Das L. nach dem Tode i. Glauben der Menschheit. Von Prof. D. Dr. C. Clemen. (Bd. 544.)
Lebensanschauungen siehe Sittliche L.
Leib und Seele in ihrem Verhältnis zueinander. Von Dr. phil. et med. G. Sommer. (Bd. 702.)
Locke, Berkeley, Hume. Die großen engl. Philos. Von Studienrat Dr. W. Thormeyer. (Bd. 481.)
Logik. Grundriß d. L. Von Dr. K. J. Grau. 2. Aufl. u. veränd. A. (637.)
Luther. Martin L. u. d. deutsche Reformation. Von Prof. Dr. W. Köhler. 2. Aufl. Mit 1 Bildnis Luthers. (Bd. 515.)
— s. auch Von L zu Bismarck Abt. IV.
Mechanik d. Geisteslebens, Die. V Geh. Medizinalrat Direktor Prof. Dr. M. Verworn. 4. A M. 19 Abb. (Bd. 200.)
Mission, Die evangelische. Von Pastor G. Baudert. (Bd. 403.)

Verzeichnis der bisher erschienenen Bände innerhalb der Wissenschaften alphabetisch geordnet

Mystik. M. i. Heidentum u. Christentum. V. Prof. Dr. Edv. Lehmann. 2. Aufl. überf. v. A. Grundtvig. (Bd. 217.)
— s. auch Okkultismus, Theosophie.
Mythologie, Germanische. Von Prof Dr. J. von Negelein. 3. Aufl. (Bd. 95.)
Naturphilosophie. Von Prof. Dr. J. M. Verweyen. 2. Aufl. (Bd. 491.)
Okkultismus, Spiritismus u. unterbew. Seelenzust. V. Dr. R. Baerwald. (560.)
Palästina und seine Geschichte. Von Prof. Dr. H. Frh. v. Soden. 4. Aufl. Mit 1 Plan von Jerusalem und 3 Ansichten des Heiligen Landes. (Bd. 6.)
— P. u. s. Kultur in 5 Jahrtausenden. Nach d. neuest. Ausgrabgn. u. Forschgn. dargest. von Prof. Dr. P. Thomsen. 2., neubearb. Aufl. M. 37 Abb. (260.)
Paulus, Der Apostel, u. sein Werk. Von Prof. Dr. E. Vischer. 2. A. (Bd. 309.)
Philosophie, Die, Einführ. i. d. Wissensch., ihr Wes. u. ihre Probleme. Von Realgymnasialdir. H. Richert. 3. A. (186.)
— Einführung in die Ph. Von Prof. Dr. R. Richter. 5. Aufl. von Priv.-Doz. Dr. M. Brahn.. (Bd. 155.)
— Geschichte der Philosophie in 7 Bden. I. Antike Philosophie bis Aristoteles. Von Studienrat Dr. E. Hoffmann. II. 1. Antike Phil. bis Poseidonios. Von Studr. Dr. E. Hoffmann. 2. Hellenistisch-christliche Phil. Von Privatdoz. Dr. M. Heidegger. III. Mittelalter u. Renaissance bis zur mod. Naturwiss. V. Privatdoz. Dr. M. Heidegger. IV. Von Descartes bis Leibniz. Von Prof. Dr. Kroner. V. Englischer Empirismus. Aufklärung. Kant. Von Privatdoz. Dr. S. Marck. VI/VII. Die Philosophie von Kant an. Von Prof. Dr. J. Cohn. (Bd. 741/47.)
— Führende Denker. Geschichtl. Einleit. in die Philosophie. Von Prof. Dr. J. Cohn. 4. Aufl. Mit 6 Bildn. (176.)
— Die Phil. d. Gegenw. in Deutschland. V. Prof. Dr. O. Külpe. 7. verb. A. (41.)
— s. auch Religion: Religionsphilos.
Poetik. Von Dr. R. Müller-Freienfels. 2. überarb. u. erw. Aufl. (Bd. 460.)
Psychologie. Einführ. i. d. P. Von Prof. E. von Aster. 2. Afl. M. 4 Abb. (492.)
— Psychologie d. Kindes. V. Prof. Dr. R. Gaupp. 4. Aufl. M. 17 Abb. (213/214.)
— Psychologie d. Verbrechers. (Kriminalpsychol.) V. Strafanstaltsdir. Dr. med. P. Pollitz. 2. Auflg. M. 5 Diagr. (Bd. 248.)
— Einführung in die experiment. Psychologie. Von Prof. Dr. N. Braunshausen. 2. Afl. M. 17 Abb. i. T. (484.)
— Angewandte Psych. Method. u. Ergebn. V. Prof. Dr. phil. et med. E. Stern. (Bd. 771.)
— Die krankhaften Erscheinungen des Seelenlebens, Allg. Psychopathologie. Von Dr. phil und med E. Stern. (764.)
— s. auch Handschriftenbeurteilg., Hypnotismus u. Sugg., Mechanik d. Geistesleb.
Poetik, Seele d. Menschen, Veranlag. u. Vererb., Willensfreiheit; Pädag. Abt. II.

Reformation siehe Luther.
Religion, Einführung i. d. vergl. R.-Geschichte. Von Prof. D. Dr. K. Beth. (Bd. 658.)
— Die nichtchristlichen Kulturreligionen in ihrem gegenw. Zustand. Von Prof. D. Dr. C. Clemen. 2 Bde. I. Die japanischen und chinesischen Nationalreligionen. Der Jainismus und Buddhismus. II. Der Hinduismus, Parsismus und Islam. (Bd. 533/34.)
— Die Religion der Griechen. Von Prof. Dr. E. Samter. Mit Bilderanhang. (Bd. 457.)
— Die Grundzüge der israelitischen Religionsgesch. V. Prof. D. Fr. Giesebrecht. 3. Aufl. V. Geh. Konsistorialrat Prof. D. A. Bertholet. (Bd. 52.)
— Religion u. Naturwissensch. in Kampf u. Fried. Geschichtl. Rückbl. V. Pfarr. Dr. A. Pfannkuche. 2. A. (Bd. 141.)
— s. auch Bergson, Buddha, Christentum. Leben nach dem Tode. Luther.
— Religionsphilosophie, Einführung in die R. Von Konsistorialr. Lic. Dr. P. Kalweit. 2. Aufl. (Bd. 225.)
Religiöse Erziehung siehe Abt. II.
Rousseau. Von Prof. Dr. P. Hensel. 3. Aufl. Mit 1 Bildnis. (Bd. 180.)
Schopenhauer, Seine Persönlich., s. Lehre, s. Bedeutung. V. Realgymnasialdir. H. Richert. 4. Aufl. Mit dem Bildn. Schopenhauers. (Bd. 81.)
Seele des Menschen, Die. Von Geh. Rat Prof. Dr. J. Rehmke. 5. Aufl. (Bd. 36.)
Sexualethik. Von Prof. Dr. H. E. Timerding. (Bd. 592.)
Sinne d. Menschen, D. Sinnesorgane und Sinnesempfind. V. Hofr. Prof. Dr. J. K. Kreibig. 3., verb. A. M. 30 Abb. (27.)
Sittl. Lebensanschauungen d. Gegenwart. V. Pros. Kirchenr. Prof. D. C. Kirn. 3. A. V. Prof. D. Dr. O. Stephan. (177.)
— s. a. Ethik, Sexualethik.
Spiritismus siehe Okkultismus.
Staat und Kirche in ihrem gegenseitigen Verhältnis seit der Reformation. Von Pfarr. Dr. A. Pfannkuche. (Bd. 485.)
Sterngaube und Sterndeutung. Die Geschichte u. d. Wes. d. Astrolog. Unt. Mitw. v. Geh. Rat Prof. Dr. K. Bezold dargest. v. Geh. Hofr. Prof. Dr. Fr. Boll. 2. Aufl. M. 1 Stern. u. 20 Abb. (Bd. 638.)
Suggestion s. Hypnotismus.
Testament, Das Alte. Seine Gesch. u. Bedeutg. V. Prof. D. Dr. P. Thomsen. (669.)
— Neues. Der Text d. N. T. nach h. gesichtl. Entwickl. Von Prof. Liz. A. Pott. 2. Aufl. Mit 8 Taf. (Bd. 134.)
Theologie, Einführung in die Theologie. Von Pastor M. Cornils. (Bd 347.)
Theosophie u. Anthroposophie. V. Privatdoz. Studienr. Lic. M. Brahn. (775.)
Urchristentum siehe Christentum.
Veranlag. u. Vererbg., Geistige. V. Dr. phil. et med. R. Sommer. 2. Aufl. (512.)
Weltanschauung, Griechische. Von Prof. Dr. M. Wundt. 2. Aufl. (Bd. 329.)

Religion u. Philosophie, Pädagogik u. Bildungswesen, Sprache, Literatur, Bildende Kunst u. Musik

Weltanschauungen, D., d. groß. Philosophen der Neuzeit. Von Prof. Dr. L. Busse. 6. Aufl., hrsg. v. Geh. Hofrat Prof. Dr. R. Falckenberg. (Bd. 56.)
Weltentstehung. Entsteh. d. W. u. d. Erde nach Sage u. Wissenschaft. Von Prof. Dr. M. B. Weinstein. 3. Aufl. (Bd. 223.)

Weltuntergang in Sage und Wissenschaft. Von Prof. Dr. S. Oppenheim und Prof. Dr. K. Ziegler. (Bd. 720.)
Willensfreiheit. Das Problem der W. Von Prof. Dr. G. F. Lipps. 2. Aufl. (Bd. 383.)
— s. auch Ethik, Mechanik d. Geisteslebens, Psychologie.

II. Pädagogik und Bildungswesen.

Berufswahl, Begabung u. Arbeitsleitung i. ihren gegenseit. Beziehungen. V. W. J. Ruttmann. 2. A. M. 7 Abb. (Bd. 522.)
Bildungswesen, D. deutsche, i. s. geschichtl. Entwicklung. V. Prof. Dr. Fr. Paulsen. 4. Aufl. M. Bildn. P's. (Bd. 99/100.)
— s. auch Volksbildungswesen.
Erziehung. E. zur Arbeit. Von Prof. Dr. Edv. Lehmann. (Bd. 459.)
— Deutsche E. in Haus u. Schule. Von J. Tews. 3. Aufl. (Bd. 159.)
— s. a. Großstadterz., Relig. Erziehung.
Fortbildungsschulwesen, Das deutsche. Von Geh. Reg.-Rat Prof. Dr. F. Schilling. (Bd. 256.)
Fröbel, Friedrich. Von Dr. Joh. Prüfer. 2. verb. Aufl. M. 2 Abb. (Bd. 82.)
Großstadterziehung. Die Großstadt als Jugenderziehungs- und Jugendbildungsstätte. B. J. Tews. 2. Aufl. (327.)
Herbart, Johann Friedrich. Hs Leben und Lehre mit besond. Berücksichtigung seiner Erziehungs- und Bildungslehre. Von Bezirksschulinspektor Th. Fritsch. (Bd. 164.)
Hochschulen s. Techn. Hochschulen u. Univ.
Jugendpflege. Von Fortbildungsschullehrer W. Wiemann. (Bd. 434.)
Leibesübungen siehe Abt. V.
Mittelschule s. Volks- u. Mittelschule.
Pädagogik, Allgemeine. Von Prof. Dr. Th. Ziegler. 4. Aufl. (Bd. 33.)
— Experimentelle P. mit bes. Rücksicht auf die Erzieh. durch die Tat. Von Dr. W. A. Lay. 3. verb. A. M. 6 Abb. (Bd. 224.)
— siehe Erziehung, Psychologie. Abt. I.

Pestalozzi. Leben u. Ideen. V. Geh. Reg.-Rat Prof. Dr. P. Natorp. 3. Afl. (250.)
Religiöse Erziehung in Haus u. Schule. V. Prof. Dr. F. Niebergall. (599.)
Rousseau. Von Prof. Dr. P. Hensel. 3. Aufl. Mit 1 Bildnis. (Bd. 180.)
Schule siehe Fortbildungs-, Techn. Hoch-, Volksschule, Universität.
Schulhygiene. Von Reg.-Rat Prof. Dr. L. Burgerstein. 4. Aufl. Mit 24 Abb. (Bd. 96.)
Schulkämpfe d. Gegenw. Von J. Tews. 2. Aufl. (Bd. 111.)
Student, Der Leipziger, von 1409 bis 1909. Von Dr. W. Bruchmüller. Mit 25 Abb. (Bd. 273.)
Studententum, Geschichte des deutschen St. Von Dr. W. Bruchmüller. (Bd. 477.)
Techn. Hochschulen in Nordamerika. Von Geh. Reg.-Rat Prof. Dr. S. Müller. M. zahlr. Abb., Karte u. Lagepl. (190.)
Universitäten, über U. u. Universitätsstud. V. Prof. Dr. Th. Ziegler. Mit 1 Bildn. Humboldts. (Bd. 411.)
Unterrichtswesen, Das deutsche, der Gegenwart. Von Geh. Studienrat Oberrealschuldir. Dr. K. Knabe. (Bd. 299.)
Volksbildungswesen. V. Stadtbbl. Prof. Dr. G. Fritz. 2. Aufl. M. 12 Abb. (Bd. 266.)
Volks- und Mittelschule, Die preußischen. Entwicklung und Ziele. Von Gh. Reg.- u. Schulrat Dr. A. Sachse. (Bd. 432.)
Zeichenkunst. Der Weg z. 3. Ein Büchl. f. theor. u. prkt. Selbstbb. V. Dir. Dr. E. Weber. 3. A. M. 84 Abb. u. 1 Farbt. (430.)

III. Sprache, Literatur, Bildende Kunst und Musik.

Altnordische Literaturgesch. s. Literatur.
Architektur siehe Baukunst und Renaissancearchitektur.
Ästhetik. Von Prof. Dr. R. Hamann, 2. Aufl. (Bd. 345.)
Baukunst. Deutsche B. Von Geh. Reg.-Rat Prof. Dr. A. Matthaei. 4 Bd. I. Deutsche Baukunst im Mittelalter. B. b. Anf. b. z. Ausgang b. roman. Baukunst. 4. Aufl. M. 35 Abb. (Bd. 8.) II. Gotik u. „Spätgotik". 4. Aufl. Mit 67 Abb. (Bd. 9.) III. Deutsche Baukunst in b. Renaissance u. b. Barockzeit b. z. Ausg. b. 18. Jahrh. 2. Afl. Mit 63 Abb. i Text. (Bd. 326.) IV. Deutsche B. im 19. Jahrh. u. i. b. Gegenw. 2. Afl. M. 40 Abb. (781.)
— siehe auch Renaissancearchitektur.
Beethoven siehe Haydn.
Bildende Kunst. Bau und Leben der b. K. Von Dir. Prof. Dr. Th. Volbehr. 2. Aufl. Mit 44 Abb. (Bd. 68.)

Bildende Kunst s. a. Bauk., Griech. K., Impression., Kunst, Maler, Malerei, Stile.
Björnson siehe Ibsen.
Buch. Wie ein Buch entsteht siehe Abt. VI.
— s. auch Schrift- u. Buchwesen Abt. IV.
Dekorative Kunst d. Altertums. Von Fr. Poulsen. M. 112 Abb. (Bd. 454.)
Denkmalpflege siehe Abt. IV.
Drama, Das. Von Dr. B. Busse. Mit Abb. 3 Bde. I: B. b. Antike f. franz. Klassizismus. 2. A., neub. v. Studienr. Dr. J. K. Niedlich, Prof. Dr. R. Immelmann u. Prof. Dr. Glaser. M. 3 Abb. II: Von Voltaire zu Lessing. 2. Aufl. Von Dir. Dr. Ludwig u. Prof. Dr. Glaser. III: B. d. Romant. z. Gegenw. (287/289.)
Drama. D. dtsche. D. d. 19. Jahrh. In s. Entwicklbgest. v. Prof. Dr. G. Witkowski. 4. Aufl. M. Bildn. Hebbels. (Bd. 51.)

Verzeichnis der bisher erschienenen Bände innerhalb der Wissenschaften alphabetisch geordnet

Drama f. a. Goethe, Grillparzer, Hauptmann, Hebbel, Ibsen, Lessing, Literatur, Schiller, Shakespeare, Theater.
Dürer, Albrecht. V. Prof. Dr. R. Wustmann. 2. Afl., neubearb. u. ergänzt b. Geh. Reg.-Rat Prof. Dr. A. Matthaei. Mit Titelb. u. 31 Abb. (Bd. 97.)
Französischer Roman siehe Roman.
Frauendichtung. Gesch. d. dt. F. s. 1800. V. Dr. H. Spiero. M. 3 Bild. (390.)
Fremdwortkunde. Von Dr. E. Richter.
Gartenkunst siehe Abt. IV. [(Bd. 570.)
Goethe. Von Prof. Dr. M. I. Wolff.
(Bd. 497.)
Griech. Komödie, D. V. Geh. Hofr. Prof. Dr. A. Körte. M. Titelb. u. 2 Taf. (400.)
Griechische Kunst. Die Blütezeit der g. K. im Spiegel der Reliefsarkophage. Eine Einf. i. d. griech. Plastik. V. Prof. Dr. O. Wachtler. 2. A. M. zahlr. Abb. (272.)
— siehe auch Dekorative Kunst.
Griechische Lyrik. Von Geh. Hofrat Prof. Dr. E. Bethe. (Bd. 736.)
Griech. Tragödie, Die. V. Prof. Dr. I. Geffcken. M. 5 Abb. i. T. u. a. 1 Taf. (566.)
Grillparzer, Franz. Von Prof. Dr. A. Kleinberg. M. Bildn. (Bd. 513.)
Harmonielehre. Von Dr. H. Scholz.
(Bd. 703/04.)
Harmonium f. Tasteninstrum.
Hauptmann, Gerhart. V. Prof. Dr. E. Sulger-Gebing. M. 1 Bildn. 2. Aufl.
(Bd. 283.)
Haydn, Mozart, Beethoven. Von Prof. Dr. C. Krebs. 3. Aufl. Mit 4 Bildn. auf Tafeln. (Bd. 92.)
Hebbel, Friedrich, u. s. Dramen. V. Geh. Hofr. Prof. Dr. O. Walzel. 2. Afl. (408.)
Heimatpflege siehe Abt. IV.
Heldensage, Die germanische. Von Dr. I. W. Bruinier. (Bd. 186.)
Homerische Dichtung, Die. Von Rektor Dr. G. Finsler. (Bd. 496.)
Ibsen u. Björnson. Von Prof. Dr. G. Necker. (Bd. 635.)
Impressionismus. Die Maler des I. Von Prof. Dr. B. Lázár. 2. A. M. 32 Abb. auf 16 Tafeln. (Bd. 395.)
Klavier siehe Tasteninstrumente.
Komödie siehe Griech. Komödie.
Kunst. Das Wesen der deutschen bildenden K. Von Geh. Rat Prof. Dr. H. Thode. (Bd. 585.)
— s. a. Baut., Bild., Dekor., Griech. K.; Pompeji, Stile; Garten. Abt. IV.
Lessing. Von Prof. Dr. Th. Schrempf. Mit einem Bildnis. (Bd. 403.)
Literatur. Entwickl. der deutsch. L. seit Goethes Tod. V. Dr. W. Brecht. (595.)
— Geschichte der niederdeutschen L. v. ältesten Zeiten bis z. Gegenw. Von Prof. Dr. W. Stammler. (Bd. 815.)
— Altnordische Literatur-Geschichte. Von Prof. Dr. G. Necker. (Bd. 782.)
— Einführung i. d. Verständnis literarischer Kunstwerke. Von Prof. Dr. P. Merker. (Bd. 711.)

Lyrik. Geschichte d. deutsch. L. s. Claudius. V. Dr. H. Spiero. 2. Aufl. (Bd. 254.)
— f. auch Frauendichtung, Griechische Lyrik. Literatur, Minnesang, Volkslied.
Maler, Die altdeutschen, in Süddeutschland. Von Prof. Dr. W. Nemitz. Mit 1 Abb. i. Text und Bilderanhang. (Bd. 464.)
— f. Dürer, Michelangelo, Impression. Rembrandt.
Malerei, D. deutsche i. 19. Jahrh. V. Prof. Dr. R. Hamann. 2 Bde. (448—449.)
— Niederl. M. im 17. Jahrh. V. Prof. Dr. H. Jantzen. M. 37 Abb. (373.)
Märchen f Volksmärchen.
Michelangelo. Eine Einführung in das Verständnis seiner Werke. V. Prof. Dr. E. Hildebrandt. Mit 44 Abb. (392.)
Minnesang. D. Liebe i. Liede b. dtsch. Mittelalt. V. Dr. I. W. Bruinier. (404.)
Mozart siehe Haydn.
Musik. Die Grundlagen d. Tonkunst. Versuch einer entwicklungsgesch. Darstell. b. allg. Musiklehre. Von Prof. Dr. R. Rietsch. 2. Aufl. (Bd. 178.)
— Musikalische Kompositionsformen. V. S. G. Kallenberg. Band I: Die elementar. Tonverbindungen als Grundlage d. Harmonielehre. Bd. II: Kontrapunktik u. Formenlehre. (Bd. 412, 413.)
— Geschichte der Musik. Von Dr. A. Einstein. 2. Aufl. (Bd. 438.)
— Beispielsammlung zur älteren Musikgeschichte. V. Dr. A. Einstein. (439.)
— Musikal. Romantik. Die Blütezeit d. m. R. in Deutschland. Von Dr. E. Issel. 2. verb. Aufl. (Bd. 239.)
— f. auch Harmonielehre, Haydn, Oper, Orchester, Tasteninstrumente, Wagner.
Mythologie, Germanische. Von Prof. Dr. I. v. Negelein. 3. Aufl. (Bd. 95.)
— siehe auch Volkssage, Deutsche.
Nibelungenlied, Das. Von Prof. Dr. F. Körner. (Bd. 591.)
Niederdeutsche Literatur f. Literatur.
Niederländ. Malerei f. Malerei, Rembrandt.
Novelle siehe Roman.
Oper, Die moderne. Vom Tode Wagners bis zum Weltkrieg (1883—1914). Von Dr. E. Istel Mit 3 Bildn. (Bd. 495.)
— siehe auch Haydn, Wagner.
Orchester, Das moderne Orchester. Von Prof. Dr. Fr. Volbach I. Die Instrumente d. O. (Bd. 714.) II. Das mod. O. i. s. Entwickl. 2. Afl. M. Titelb. u. 2 Taf. (715.)
Orgel siehe Tasteninstrumente.
Personennamen, D. deutsch. V. Geh. Studienrat A. Bähnisch. 3. A. (Bd. 296.)
Perspektive, Grundzüge d. P. nebst Anwend. V. Prof. Dr. K. Doehlemann. 2. verb. Aufl. Mit 91 Fig. u. 11 Abb. (510.)
Phonetik. Einführ. i. d. Ph. Wie wir sprechen. V. Dr. E. Richter. M. 20 A. (354.)
Photographie, D. künstler. Ihre Entwicklg., ihre Probl., ihre Bedeutung. V. Studienrat Dr. W. Warstat. 2. verb. Aufl. Mit Bilderanhang. (Bd. 410.)
— f. auch Photographie Abt. VI.

4

Plastik s. Griech. Kunst, Michelangelo.
Poetik. Von Dr. R. Müller-Freienfels. 2. Aufl. (Bd. 460.)
Pompeji. Eine hellenist. Stadt in Italien. Von Geh. Hofrat Prof. Dr. Fr. v. Duhn. 3. Aufl. M. 62 Abb. i. T. u. auf 1 Taf., sowie 1 Plan. (Bd. 114.)
Projektionslehre. In kurzer leichtfaßlicher Darstellung f. Selbstunterr. und Schulgebrauch b. akad. Zeichenl. A. Schubeisky. Mit 208 Abb. (Bd. 564.)
Rembrandt. Von Prof. Dr. B. Schubring. 2. Aufl. Mit 48 Abb. auf 28 Taf. i. Anh. (Bd. 158.)
Renaissance siehe Abt. IV.
Renaissancearchitektur in Italien. Von Prof. Dr. P. Frankl. I. Bd. M. 12 Taf. u. 27 Textabb. (Bd. 381.)
Rhetorik. Von Prof. Dr. E. Geißler. 2 Bde. I. Richtlinien für die Kunst des Sprechens 3. verb. Aufl. II. Deutsche Redekunst. 2. Aufl. (Bd. 455/456.)
Roman. Der französische Roman und die Novelle. Ihre Geschichte b. d. Anf. b. z. Gegenw. Von O Flake. (Bd. 377.)
Romantik. Deutsche. V. Geh. Hofrat Prof. Dr. O. F. Walzel. 4. Aufl. I. Die Weltanschauung. II. Die Dichtung. (Bd. 232/233.)
— Die Blütezeit der mus. R. in Deutschland. V. Dr. E. Istel. 2. Aufl. (239.)
Sage siehe Heldensage. Mythol., Volkssage.
Schauspieler, Der. Von Prof. Dr. Ferdinand Gregori. (Bd. 692.)
Schiller. Von Prof. Dr. Th. Ziegler. Mit 1 Bildn. 3. Aufl. (Bd. 74.)
Schillers Dramen. Von Direktor E. Heusermann. (Bd. 493.)
Shakespeare. Sh. u. seine Zeit. Von Prof. Dr. R. Imelmann. (Bd. 816.)
— Sh.'s Werke. Von Prof. Dr. R. Imelmann. (Bd. 817.)

Sprache, Die Haupttypen des menschlich. Sprachbaus. Von Prof. Dr. F. N. Finck. 2. Aufl. v. Prof. Dr. E. Kieckers. (268.)
— Die deutsche Sprache v. heute. V. Studient. Dr. W. Fischer. 2. verb. A. (475.)
— Fremdwortkunde. Von Privatdozentin Dr. Elise Richter. (Bd. 570.)
— siehe auch Phonetik, Rhetorik; ebenso Sprache u. Stimme Abt. V.
Sprachstämme, Die, des Erdkreises. Von Prof. Dr. F. N. Finck. 2. Afl. (Bd. 267.)
Sprachwissenschaft. Von Prof. Dr. Kr. Sandfeld-Jensen. (Bd. 472.)
Stile, Die Entwicklungsgesch. d. St. in der bild. Kunst. B. Dr. E. Cohn-Wiener. 3. Aufl. I.: V. Altertum b. z. Gotik. M. 69 Abb. II.: V. d. Renaissance b. z. Gegenwart. Mit 42 Abb. (Bd. 317/318.)
Tasteninstrumente. Klavier, Orgel, Harmonium. Das Wesen der Tasteninstrumente. V. Prof. Dr. O. Bie. (Bd. 325.)
Theater, Das, v. Altert. bis zur Gegenw. Von Prof. Dr. Chr. Gaehde. 3. Aufl. 17 Abb. (Bd. 230.)
Tragödie s. Griech. Tragödie.
Urheberrecht siehe Abt. VI.
Volkslied, Das deutsche. Über Wesen und Werden d. deutschen Volksgesanges. Von Dr. J. W. Bruinier. 5. Aufl. (Bd. 7.)
Volksmärchen, Das deutsche. Von Pfarrer K. Spieß. (Bd. 587.)
Volkssage, Die deutsche. Übersichtl. dargest. b. Dr. O. Böckel. 2. Aufl. (Bd. 262.)
— s. a. Heldens., Nibelungenl., Mythologie.
Wagner. Das Kunstwerk Richard W.s. Von Dr. E. Istel. M. 1 Bildn. 2. Aufl. (330.)
— siehe auch Musikal. Romantik u. Oper.
Zeichenkunst. Der Weg z. Z. Ein Büchlein für theoretische und praktische Selbstbildung. Von Dir. Dr. E. Weber. 3. Aufl. Mit 84 Abb. u. 1 Farbtafel. (Bd. 430.)
— s. auch Perspektive, Projektionslehre; Geometr. Zeichn. Abt. V, Techn. Z. Abt. VI.
Zeitungswesen. Von Dr. H. Diez. 2. durchgearb. Aufl. (Bd. 328.)

IV. Geschichte, Kulturgeschichte und Geographie.

Alpen, Die. Von H. Reishauer. 2., neub. Aufl. von Prof. Dr. H. Slanar. Mit Abb. und Karten. (Bd. 276.)
Altertum, Das, im Leben der Gegenwart. V. Prov.-Schul- u. Geh. Reg.-Rat Prof. Dr. P. Cauer. 2. Aufl. (Bd. 356.)
— D. Altertum, seine staatliche u. geistige Entwicklung und deren Nachwirkungen. V. Studienrat H Breller. (Bd. 642.)
Amerika. Gesch. d. Verein. Staaten v. A. B. Prof Dr E. Daenell. 2. A. (Bd. 147.)
— Südamerika. B. Regier.- u. Ökonomier. Prof. Dr. E. Wagemann. (718.)
Amerikaner, Die. V. N. M. Butler. Dtsch. v. Prof. Dr. W. Paszkowski. (319.)
Antike. Deutschtum u. A. in ihrer Verknüpfung. Ein Überblick von Oberstudienrat Konrektor Prof. Dr. E. Stemplinger und Konrektor Prof. Dr. H. Bamer. Mit 1 Taf. (Bd. 689.)

Antike. A. Wirtschaftsgeschichte. Von Dr. O. Neurath. 2. Aufl. (Bd. 258.)
— Antikes Leben nach den ägyptischen Papyri. V. Geh. Hofrat Prof. Dr. Fr. Preisigke. Mit 1 Tafel. (Bd. 565.)
Arbeiterbewegung s. Soziale Bewegungen.
Australien und Neuseeland. Land, Leute und Wirtschaft. Von Prof. Dr. R. Schachner. Mit 23 Abb. (Bd. 366.)
Baltische Provinzen. V. Dr. V. Tornius. 3. Aufl. M. 8 Abb. u. 2 Karten f. (Bd. 542.)
Bauernhaus. Kulturgesch. d. deutschen. B. Von Baudir. Dr.-Ing. Chr. Rauch. 3. Aufl. Mit 73 Abb. (Bd. 121.)
Bauernstand. Gesch. d. dtsch. B. B. Prof. Dr. H. Gerdes. 2., verb. Aufl. Mit 22 Abb. i. Text (Bd. 320.)
Belgien. Von Dr. P. Oswald. 3. Aufl. Mit 4 Karten i. T. (Bd. 501.)

Verzeichnis der bisher erschienenen Bände innerhalb der Wissenschaften alphabetisch geordnet

Bismarck u. s. Zeit. Von Archivrat Prof. Dr. V. **Valentin**. Mit Titelb. 4. Aufl. (Bd. 500.)
— **Von Luther zu Bismarck.** 12 Charakterbilder aus deutscher Geschichte. Von Prof. Dr. O. **Weber**. 2. Aufl. (Bd. 123/124.)
Böhmen. Zur Einführung in die böhmische Frage. Von Prof. Dr. R. F. **Kaindl**. Mit 1 Karte. (Bd. 701.)
Brandenburg.-preuß. Gesch. V. Archivar Dr. Fr. **Israel**. I. Von d. ersten Anfängen b. z. Tode König Fr. Wilhelms I. 1740. II. V. d. Regierungsantritt Friedrichs. d. Gr. b. z. Gegenw. (440/441.)
Bürger f. Mittelalt. s. Städte u. B. i. M.
Christentum u. Weltgeschichte seit der Reformation. Von Prof. D. Dr. K. **Sell**. 2 Bde. (Bd. 297/298.)
Denkmalpflege s. Heimatpflege.
Deutschtum im Ausland, Das, vor dem Weltkriege. Von Prof. Dr. K. **Hoeniger**. 2. Aufl. (Bd. 402.)
— **u. Antike i. ihr. Verknüpfg. Ein überblick** b. Oberstudienr. Konrekt. Prof. Dr. E. **Stemplinger** u. Oberstudienr. Konrekt. Prof. Dr. H. **Lamer**. M. 1 L. (689.)
Dorf, Das deutsche. V. Prof. R. **Mielke**. 3. Aufl. Mit 51 Abb. (Bd. 192.)
Eiszeit, Die, u. d. vorgeschichtl. Mensch. V. Geh. Bergrat Prof. Dr. G. **Steinmann**. 2. Aufl. M. 24 Abb. (302.)
Englands Weltmacht in ihrer Entwickl. seit d. 17. Jahrh. b. a. u. Tage. V. Dir. Prof. Dr. F. **Langenbeck**. 3. Aufl. (Bd. 174.)
Entdeckungen, Das Zeitalter der E. Von Geh. Hofrat Prof. Dr. S. **Günther**. 4. Aufl. Mit 1 Weltkarte. (Bd. 26.)
Erde siehe Mensch u. E.
Erdkunde, Allgemeine. 8 Bde. Mit Abb. I. Die Erde, ihre Beweg. u. ihre Eigenschaften (math. Geogr. u. Geonomie). Von Admiralitätsr. Prof. Dr. E. **Kohlschütter**. (Bd. 625.) II. Die Atmosphäre der Erde (Klimatologie, Meteorologie). Von Prof. Dr. O. **Baschin**. (Bd. 626.) III. Geomorphologie. V. Prof. Dr. L. **Machatschek**. M. 33 Abb. (Bd. 627.) IV. Physiogeographie d. Süßwassers. V. Prof. Dr. F. **Machatschek**. M. 24 Abb. (Bd. 628.) V. Die Meere. Von Prof. Dr. A. **Merz**. (Bd. 629.) VI. Die Verbreitung der Pflanzen. Von Dr. **Brockmann-Jerosch**. (Bd. 630.) VII. Die Verbreitg. d. Tiere. V. Dr. W. **Knopfli**. (Bd. 631.) VIII. Die Verbreitg. d. Menschen auf d. Erdoberfläche (Anthropogeographie). V. Prof. Dr. N. **Krebs**. M. 12 Abb. (632.)
— siehe auch Geographie.
Europa. Vorgeschichte E.'s. Von Prof. Dr. H. **Schmidt**. (Bd. 571/572.)
Europäische Geschichte im Zeitalter Karls V., Philipps II. u. d. Elisabeth. Von Prof. Dr. G. **Mentz**. (Bd. 528.)
— **im Zeitalter Ludwigs XIV. und d. Großen Kurfürsten.** Von Prof. Dr. W. **Platzhoff**. (Bd. 530.)

Familienforschung. Von Dr. E. **Devrient**. 2. Aufl. M. 6 Abb. i. T. (350.)
Feldherren, Große. Von Major F. C. **Endres**. I. Vom Altertum b. z. Tode Gustav Adolfs. Mit 1 Titelb., 12 Karten u. 1 Schema. II. B. Turenne b. Hindenburg. M. 1 Titelb. u. 14 K. (687/688.)
Feste, Deutsche, u. Volksbräuche. V. Prof. Dr. E. **Fehrle**. 2. Aufl. M. 29 Abb. (Bd. 518.)
Finnland. Von Gesandtschaftsrat J. **Ohquist**. (Bd. 700.)
Frauenbewegung, Die deutsche. Von Dr. Marie **Bernays**. (Bd. 761.)
Frauenleben, Deutsch., i. Wandel d. Jahrhunderte. V. Geh. Schulrat Dir. Dr. Eb. **Otto**. 3. Aufl. 12 Abb. i. T. (Bd. 45.)
Friedrich d. Gr. 6 Vortr. V. Prof. Dr. Th. **Bitterauf**. 2. A. M. 2 Bildn. (246.)
Gartenkunst. Gesch. d. G. V. Baudir. Ing. Chr. **Ranck**. M. 41 Abb. (274.)
Geographie der Vorwelt (Paläogeographie). Von Prof. Dr. E. **Dacqué**. Mit 18 Fig. i. Text. (Bd. 619.)
Geologie siehe die V.
German. Heldensage s. Heldensage.
Germanische Kultur in der Urzeit. Von Bibliotheksdir. Prof. Dr. G. **Steinhausen**. 3. Aufl. Mit 13 Abb. (Bd. 75.)
Geschichte, Deutsche G. Von Prof. Dr. O. **Weber**. (Bd. 825.)
— **Deutsche G. des Mittelalters.** V. Studr. Dr. G. **Bonwetsch**. (Bd. 517.)
— **Deutsche G. im 19. Jahrh. b. zur Reichseinheit.** V. Prof. Dr. R. **Schwemer**. 3 Bde. I.: Von 1800—1848. Restauration und Revolution. 3. Aufl. (Bd. 37.) II.: Von 1848—1862. Die Reaktion und die neue Ära. 2. Aufl. (Bd. 101.) III.: Von 1862—1871. B. Bund d. Reich. 3. Aufl. (Bd. 820.)
Gesellsch. u. Geselligk. in Vergangenh. u. Gegenw. Von S. **Trautwein**. (706.)
Griechentum. Das G. in seiner geschichtlichen Entwicklung. V. Hofrat Prof. Dr. R. v. **Scala**. Mit 46 Abb. (Bd. 471.)
Griechische Städte. Kulturbilder aus gr. St. I. Von Prof. Dr. E. **Ziebarth**. 3. umg. Aufl. Mit 21 Abb. i. T. u. a. 16 Taf. (Bd. 131.)
Handel. Geschichte d. Welthandels. Von Realgymnasial-Dir. Prof. Dr. M. G. **Schmidt**. 3. Aufl. (Bd. 118.)
— **Gesch. d. dtsch. Handels b. z. Ausgang d. Mittelalters.** V. Dir. Prof. Dr. W. **Langenbeck**. 2. Aufl. M. 16 Tab. (287.)
Handwerk, Das deutsche, in seiner kulturgeschichtl. Entwickl. Von Geh. Schulrat Dir. Dr. E. **Otto**. 5. Aufl. Mit 23 Abb. a. 8 Taf. (Bd. 14.)
— siehe auch Dekorative Kunst Abt. III.
Heimatpflege. (Denkmalpflege u. Heimatschutz.) Ihre Aufgaben, Organisation und Gesetzgebung. Von Dr. H. **Bartmann**. (Bd. 756.)
Heldensage, Die germanische. Von Dr. J. W. **Bruinier**. (Bd. 129.)

6

Geschichte, Kulturgeschichte und Geographie

Japan. B. Prof. Dr. K. Haushofer. (822.)
Jena. Von J. b. z. Wiener Kongreß. Von Prof. Dr. G. Roloff. (Bd. 465.)
Jesuiten, Die. Eine hist. Skizze. Von Prof. Dr. H. Boehmer. 4. Aufl. (Bd. 49.)
Indien. Von Prof. Dr. Sten Konow. (Bd. 614.)
Island, b. Land u. d. Volk. B. Prof. Dr. B. Herrmann. M. 9 Abb. (Bd 461.)
Juden. Geschichte d. J. seit d. Unterg. d. jüd. Staates. Von Prof. Dr. J. Elbogen. (Bd. 748.)
Kartenkunde. Vermessungs- u. K. 6 Bde. Mit Abb. I. Geogr. Ortsbestimmung. Von Prof. Schnauder. (Bd. 606.) II. Erdmessung. Von Prof. Dr. O. Eggert. (Bd. 607.) III. Landmeß. B. Geh. Finanzrat F. Sudow. Mit 69 Zeichn. (Bd. 608.) IV. Ausgleichungsrechnung n. b. Methode b. kleinst. Quadrate. B. Geh. Reg.-Rat Prof. Dr. E. Hegemann. M. 11 Fig. i. Text. (Bd. 609.) V. Photogrammetrie. (Einfache Stereo- u. Luftphotogrammetrie). B. Diplom-Ing. H. Lüscher. Mit 78 Fig. i. Text u. 2 Tafeln. (Bd. 612.) VI. Kartenkunde. B. Finanzr. Dr.-Ing. A. Egerer. 1. Einführ. i. d. Kartenverständnis. Mit 49 Abbildungen im Text. 2. Kartenherstellung (Landesaufn.). (Bd. 610/611.)
Kirche s. Staat u. K.; Kirche Abt. I.
Krieg. Kulturgeschichte d. Kr. Von Prof. Dr. K. Beule, Geh. Hofrat Prof. E. Bethe, Prof. Dr. B. Schmeidler, Prof. Dr. A. Doren, Prof. Dr. B. Herre. (Bd. 561.)
— s. auch Feldherren.
Kriegsschiffe, Unsere. Ihre Entstehung u. Verwendung. B. Geh. Mar.-Baur. a. D. E. Krieger. 2. Aufl. v. Geh. Mar.-Baur. Fr. Schürer. M. 62 Abb. (389.)
Luther, Martin L. u. d. dtsche. Reformation. Von Prof. Dr. W. Köhler. 2., verb. Aufl. M. 1 Bildn. Luthers. (Bd. 515.)
Von Luther zu Bismarck. 12 Charakterbilder aus deutscher Geschichte. Von Prof. Dr. O. Weber. 2. Aufl. (123/124.)
Marx, Karl. Versuch einer Würdigung. B. Prof. Dr. R. Wilbrandt. 4. A. (621.)
Mensch u. Erde. Skizzen v. den Wechselbeziehungen zwischen beiden. Von Geh. Rat Prof. Dr. A. Kirchhoff. 4. Aufl
— s. a. Eiszeit; Mensch Abt. V. (Bd. 31.)
Mittelalter. Mittelalterl. Kulturideale. B. Prof. Dr. B. Sedel. I.: Heldenleben. II: Ritterromantik. (Bd. 292. 293.)
— s. auch Geschichte, Osten, Städte und Bürger i. M.
Moltke. Von Major F. C. Endres. Mit 1 Bildn. (Bd. 415.)
Münze. Grundriß b. Münzkunde. 2. Aufl. I. Die Münze nach Wesen, Gebrauch u. Bedeutg. B. Hofrat Dr. A. Luschin v. Ebengreuth. M. 56 Abb. II. Die Münze in ihrer geschichtl. Entwicklung v. Altertum b. z. Gegenw. Von Prof. Dr. H. Buchenau. (Bd. 91, 657.)
Mythologie s. Abt. I.

Napoleon I. Von Prof. Dr. Th. Bitterauf. 3. Aufl. Mit 1 Bildn. (Bd. 195.)
Nationalbewußtsein siehe Volk.
Natur u. Mensch. B. Dir. Prof. Dr. M. G. Schmidt. M. 19 Abb. (Bd. 458.)
Naturvölker, Die geistige Kultur der N. B. Prof. Dr. K. Th. Preuß. M. 9 Abb.
— s. a. Völkerkunde, allg. [(Bd. 452.)
Neugriechenland. Von Prof. Dr. A. Heisenberg. (Bd. 613.)
Neuseeland s. Australien.
Orient s. Indien, Palästina, Türkei.
Osten. Der Zug nach dem O. Die kolonisatorische Großtat d. deutsch. Volkes i. Mittelalter. B. Geh. Hofrat Prof Dr. K. Hampe. (Bd. 731.)
Österreich. Ö.'s innere Geschichte von 1848 bis 1895. B. R. Charmatz. 3., veränd. Aufl. I. Die Vorherrschaft der Deutschen. II. Der Kampf der Nationen. (651/652.)
— Geschichte der auswärtigen Politik Ö.'s im 19. Jahrhundert. B. R. Charmatz. 2., veränd. Aufl. I. Bis zum Sturze Metternichs. II. 1848—1895. (653/654.)
— Österreichs innere u. äußere Politik von 1895—1914. B. R. Charmatz. (655.)
Ostmark f. Abt. VI.
Ostseegebiet, Das. B. Prof. Dr. G. Braun. M. 21 Abb. u. 1 mehrf. Karte. (Bd. 367.)
— s. auch Baltische Provinzen, Finnland.
Palästina s. d. Geschichte. B. Prof. Dr. H. Frh. v. Soden. 4. Aufl. M. 1 Plan v. Jerusalem u. 3 Ans. d. Heil. Landes. (6.)
— B. s. Kultur i. 5 Jahrtausd. Nach b. n. Ausgrab. u. Forschg. dargest. v. Prof. Dr. B. Thomsen. 2. A. M. 37 Abb. (260.)
Papyri s. Antikes Leben.
Polarforschung. Geschichte der Entdeckungsreisen zum Nord- u. Südpol v. d. ältest. Zeiten bis z. Gegenw. B. Prof. Dr. K. Hassert. M. 6 Kart. (Bd. 38.)
Polen, d. ein. geschichtl. Überblick üb. d. polnisch-ruthen. Frage. B. Prof. Dr. R. F. Kaindl. 2., verb. Aufl. M. 6 Kart. (547.)
Politik. Umrisse d. Weltpol. B. Prof. Dr. J. Haßhagen. 3 Bde. I: 1871—1907. 2. A. II: 1908—1914. 2. A. (Bd. 553/54.)
— Politische Hauptströmungen in Europa im 19. Jahrhundert. Von Prof. Dr. K. Th. v. Heigel. 4. Aufl. von Dr. Fr. Endres. (Bd. 129.)
— Politische Geographie. Von Prof. Dr. W. Vogel. (Bd. 634.)
Pompeji, eine hellenist. Stadt in Italien. B. Geh. Hofrat Prof. Dr. Fr. v. Duhn. 3. Afl. M. 62 Abb. sowie 1 Plan. (114.)
Preußische Geschichte s. Brandenb.-pr. G.
Reaktion und neue Ära s. Gesch., deutsche.
Reformation s. Luther.
Reichsverfassung, Die neue R. Von Priv.-Doz. Dr. O. Bühler. (Bd. 762.)
Renaissance. Die R. Von Privatdoz. Dr. A. von Martin. (Bd. 730.)
Restauration u. Rev. s. Geschichte, dtsche.
Revolution. Geschichte der Franzöf. R. B. Prof. Dr. Th. Bitterauf. 2. Aufl. Mit 8 Bildn. (Bd. 346.)
— 1848. 6 Vorträge. Von Prof. Dr. O. Weber. 3. Aufl. (Bd. 53.)

7

Verzeichnis der bisher erschienenen Bände innerhalb der Wissenschaften alphabetisch geordnet

Rom. Das alte Rom. Von Geh. Reg.-Rat Prof. Dr. O. Richter. Mit Bilderanhang u. 4 Plänen. (Bd. 386.)
— Geschichte der römischen Republik. Von Privatdoz. Dr. A. Rosenberg. (838.)
— Soziale Kämpfe i. alt. Rom. B. Privatdozent Dr. L. Bloch. 4. Aufl. (Bd. 22.)
Rußland. Geschichte, Staat, Kultur. Von Dr. A. Luther. (Bd. 563.)
Schrift- und Buchwesen in alter und neuer Zeit. Von Geh. Studienr. Dr. O. Weise. 4. Aufl. Mit 37 Abb. (Bd. 4.)
— s. a. Buch. Wie ein B. entsteht. Abt. VI.
Schweiz, Die. Land, Volk, Staat u. Wirtschaft. Von Regierungsrat Dr. O. Wettstein. Mit 1 Karte. (Bd. 482.)
Seekrieg s. Kriegsschiff.
Slawen. Die S. Von Prof. Dr. P. Diels. (Bd. 740.)
Soziale Bewegungen und Theorien bis zur modernen Arbeiterbewegung. Von G. Maier. 8. Aufl. (Bd. 2.)
— s. a. Marx, Rom; Sozialismus. Abt. VI.
Staat. St. u. Kirche in ihr. gegens. Verhältnis seit b. Reformation. B. Pfarrer Dr. phil. A. Pfannkuche. (Bd. 485.)
— siehe auch Verfassung, Volk.
Stadt. Dtsche. Städte u. Bürger i. Mittelalter. B. Geh. Reg.-Rat Oberschulrat Dr. B. Heil. 4. Aufl. (Bd. 43.)
— Verfassung u. Verwaltung d. deutschen Städte. B. Dr. M. Schmid. (Bd. 466.)
Sternglaube und Sterndeutung. Die Geschichte u. b. Wesen d. Astrologie. Unt. Mitwirk. v. Geh. Rat Prof. Dr. E. Bezold dargest. v. Geh. Hofr. Prof. Dr. Fr. Boll. 2. A. M. 1 Sternt. u. 20 Abb. (638.)
Student, Der Leipziger, von 1409 bis 1909. Von Dr. W. Bruchmüller. Mit 25 Abb. (Bd. 273.)
Studententum. Geschichte d. deutschen St. Von Dr. W. Bruchmüller. (Bd. 477.)
Südamerika s. Amerika.
Türkei, Die. B. Reg.-Rat B. R. Krause. Mit 2 Karten. 2. Aufl. (Bd. 469.)
Urzeit s. german. Kultur in der U.
Verfassung. Die neue Reichsverfassung. Von Privatdoz. Dr. O. Bühler. (762.)

Verfassung. Deutsches Verfassungsrecht i. geschichtlicher Entwicklung. Von Prof. Dr. Ed. Hubrich. 2. Aufl. (Bd. 80.)
— Deutsche Verfassungsgeschichte v. Anfange b. 19. Jahrh. bis zur Gegenw. Von Prof. Dr. M. Stimming. (639.)
Vermessungs- u. Kartenkunde s. Karten.
Volk. Vom deutschen V. zum dt. Staat. Eine Gesch. d. dt. Nationalbewußtseins. Von Prof. Dr. P. Joachimsen. 2. Aufl. (Bd. 511.)
Völkerkunde, Allgemeine. I: Feuer, Nahrungserwerb, Wohnung, Schmuck und Kleidung. Von Dr. A. Heilborn. M. 54 Abb. (Bd. 487.) II: Waffen u. Werkzeuge, Industrie, Handel u. Geld, Verkehrsmittel. Von Dr. A. Heilborn. M. 51 Abb. (Bd. 488.) III: Die geistige Kultur der Naturvölker. Von Prof. Dr. K. Th. Preuß. M. 9 Abb. (Bd. 452.)
Volksbräuche, deutsche, siehe Feste.
Volkskunde, Deutsche, im Grundriß. Von Prof. Dr. E. Reuichel. I. Allgemeines, Sprache, Volkspolit. M. 3 Fig. II. Glaube, Brauch, Kunst u. Recht. (Bd. 644/645.)
— s. auch Bauernhaus, Feste, Sternglaub., Volkstracht., Volksstämme.
Volksstämme, Die deutschen, u. Landschaften. B. Geh. Studr. Dr. O. Weise. 6. Aufl. Mit 30 Abb. i. T. u. auf 20 Taf. u. 1 Dialektkarte Deutschlands. (Bd. 16.)
Volkstrachten, Deutsche. Von Pfarrer K. Spieß. Mit 11 Abb. (Bd. 342.)
Vorgeschichte Europas. Von Prof. Dr. H. Schmidt. (Bd. 571/572.)
Wiener Kongreß. Von Jena b. z. W. K. Von Prof. Dr. G. Roloff. (Bd. 258.)
Wirtschaftsgeschichte, Antike. B. Dr. O. Neurath. 2., umg. Aufl. (Bd. 258.)
— Vom Ausgange d. Antike bis zum Beginn d. 19. Jahrhunderts. (Mittlere Wirtschaftsgeschichte.) Von Prof. Dr. H. Sieveking. (Bd. 577.)
— s. a Antikes Leben n. d. ägypt. Papyri.
Wirtschaftsleben, Deutsches. Auf geogr. Grundl. gesch. B. Prof. Dr. Chr. Gruber. 4. Aufl. B. Dr. H. Reinlein. (42.)
— s. auch Abt. VI.

V. Mathematik, Naturwissenschaften und Medizin.

Aberglaube, Der, in der Medizin u. s. Gefahr f. Gesundh. u. Leben. B. Geh. Medizinalrat Prof. Dr. O. v. Hansemann. 2. Aufl. (Bd. 83.)
Abstammungs- und Vererbungslehre, Experimentelle. Von Prof. Dr. E. Lehmann. 2. Aufl. Mit 26 Abb. (Bd. 379.)
Abstammungslehre u. Darwinismus. V. Pr. Dr. R. Hesse. 5. A. M. 40 Abb. (Bd. 39.)
Abwehrkräfte des Körpers, Die. Eine Einführung in die Immunitätslehre. Von Prof. Dr. med. H. Kämmerer. 2. verb. Aufl. Mit 52 Abbildungen. (Bd. 479.)
Algebra s. angew. Arithmetik.
Alkoholismus, Der. A. V. Privatdoz. Dr. G. V. Gruber. 2. verb. A. M. 7 Abb. (103.)

Anatomie d. Menschen, D. V. Hofrat Prof. Dr. K. v. Bardeleben. 6 Bde. Jeder Bd. m. zahlr. Abb. (Bd. 418/423.) I. Zelle und Gewebe, Entwicklungsgeschichte. Der ganze Körper. 3. Aufl. II. Das Skelett. 3. Aufl. III. Muskel- u. Gefäßsystem. 3. umg. Aufl. IV. Die Eingeweide (Darm-, Atmungs-, Harn- und Geschlechtsorgane, Haut). 3. Aufl. V. Nervensystem und Sinnesorgane. 2. Afl. VI. Mechanik (Statik u. Kinetik) b. menschl. Körpers (der Körper in Ruhe u. Bewegung). 2. Aufl.
— siehe auch Wirbeltiere.
Aquarium, Das. Von E. W. Schmidt. Mit 15 Fig. (Bd. 335.)

Geschichte, Kulturgeschichte und Geographie — Mathematik, Naturwissenschaften und Medizin

Arbeitsleistungen des Menschen, Die. Einführ. in d. Arbeitsphysiologie. V. Prof. Dr. H. Boruttau. M. 14 Fig. (Bd. 539.)
— **Berufswahl, Begabung u. Arbeitsleistung** in i. gegens. Bezieh. V. W. J. Ruttmann. 2. Aufl. M. 7 Abb. (522.)

Arithmetik und Algebra zum Selbstunterricht. V. Geh. Studr. V. Crantz. 2 Bde. I.: Die Rechnungsarten. Gleichungen 1. Grades mit einer u. mehreren Unbekannten. Gleichungen 2. Grades. 7. Aufl. M. 9 Fig. i. Text. II.: Gleichungen, Arithmetik u. geometrische Reih. Zinseszins- u. Rentenrechn. Komplexe Zahlen. Binomischer Lehrsatz. 5. Aufl. Mit 21 Textfig. (Bd. 120, 205.)

Arzneimittel und Genußmittel. Von Prof. Dr. O. Schmiedeberg. (Bd. 363.)

Astronomie. Die A. in ihrer Bedeutung für das praktische Leben. Von Prof. Dr. A. Marcuse. 2. Afl. M. 26 Abb. (378.)
— **Das astronomische Weltbild im Wandel der Zeit.** Von Prof. Dr. S. Oppenheim. I. Vom Altertum bis zur Neuzeit. 3. Afl. M. 18 Abb. i. T. (Bd. 444.) II. Mod. Astronomie. 2. Aufl. Mit 9 Fig. i. T. u. 1 Taf. (Bd. 445.)
— siehe auch Mond, Planeten, Sonne, Weltall, Sternglaube. Abt. I.

Atome s. Materie.

Auge, Das, und die Brille. Von Prof. Dr. M. v. Rohr. 2. Aufl. Mit 84 Abb. u. 1 Lichtdrucktafel. (Bd. 372.)

Ausgleichungsrechn. f. Kartenkde. Abt. IV.

Bakterien, Die, im Haushalt und der Natur des Menschen. Von Prof. Dr. E. Gutzeit. 2. Aufl. Mit 13 Abb. (242.)
— **Die krankheiterregenden Bakterien.** Grundtatsachen b. Entsteh., Heilung u. Verhütung d. bakteriellen Infektionskrankheiten b. Menschen. V. Prof. Dr. M. Loehlein. 2. Afl. M. 33 Abb. (Bd. 307.)
— s. a. Abwehrkräfte, Desinfektion, Pilze, Schädlinge.

Bau u. Tätigkeit d. menschl. Körpers. Einf. in die Physiologie d. Menschen. V. Prof. Dr. H. Sachs. 4. A. M. 34 Abb. (Bd. 32.)

Befruchtung und Vererbung. Von Dr. E. Teichmann. 3. Aufl. M. 3 Abb. (70.)

Bienen und Bienenzucht. Von Prof. Dr. E. Zander. Mit 41 Abb. (Bd. 705.)

Biochemie. Einführung in die B. in elementarer Darstellung. Von Prof. Dr. M. Löb. Mit 12 Fig. 2. Aufl. v. Prof. Dr. H. Friedenthal. (Bd. 352.)

Biologie, Allgemeine. Einführ. i. d. Hauptprobleme d. organ. Natur. V. Prof. Dr. H. Miehe. 3. A. M. 44 Abb. (Bd. 130.)
—, **Experimentelle.** Regeneration, Transplantat. u. verwandte Gebiete. V. Dr. E. Thesing. M. 1 Taf. u. 69 Textabb. (337.)
— siehe a. Abstammungslehre, Bakterien, Befruchtung, Fortpflanzung, Lebewesen, Organismen, Schädlinge, Tiere, Urtiere.

Blumen. Unsere Bl. u. Pflanzen im Garten. Von Prof. Dr. U. Dammer. Mit 69 Abb. (Bd. 360.)
— **Unf. Bl. u. Pflanzen i. Zimmer.** V. Prof. Dr. U. Dammer. M. 65 Abb. (Bd. 359.)

Blut. Herz, Blutgefäße und Blut und ihre Erkrankungen. Von Prof. Dr. H. Rosin. Mit 18 Abb. (Bd. 312.)

Botanik. H. d. praktischen Lebens. V. Prof. Dr. P. Gisevius. M. 24 Abb. (Bd. 173.)
— siehe Blumen, Lebewesen, Pflanzen, Pilze, Schädlinge, Tabak, Wald; Kolonialbotanik, Abt. VI.

Brille f. Auge u. b. Brille.

Chemie. Einführung in die allg. Ch. V. Studienrat Dr. W. Bahrdt. 2. Aufl. Mit 24 Fig. (Bd. 582.)
— **Einführg. i. d. organ. Chemie: Natürl. u. künstl. Pflanz.- u. Tierstoffe.** V. Studienrat Dr. W. Bahrdt. 2. A. 9 Abb. (187.)
— **Einführ. i. d. anorgan. Chemie.** Von Studr. Dr. W. Bahrdt. M. 31 Abb. (598.)
— **Einführung i. d. analyt. Chemie.** V. Dr. F. Rüsberg. I. Gang u. Theorie b. Analyse. Mit 15 Fig. II. D. Reaktionen. Mit 4 Fig. (524. 525.)
— **Die künstliche Herstellung von Naturstoffen.** V. Prof. Dr. E. Rüst. (Bd. 674.)
— **Ch. in Küche und Haus.** Von Dr. J. Klein. 4. Aufl. (Bd. 76.)
— siehe a. Biochemie, Elektrochemie, Luft, Photoch., Radium; Agrikulturch., Farben, Sprengstoffe, Technik, Chem. Abt. VI.

Chirurgie, Die, unserer Zeit. Von Prof. Dr. J. Fessler. Mit 52 Abb. (Bd. 339.)

Darwinismus. Abstammungslehre und D. Von Prof. Dr. R. Hesse. 5. Aufl. Mit 40 Textabb. (Bd. 39.)

Desinfektion, Sterilisation und Konservierung. Von Reg.- u. Med.-Rat Dr. O. Solbrig. M. 20 Abb. i. T. (Bd. 401.)

Differentialrechnung unter Berücksichtig. d. prakt. Anwendung in der Technik mit zahlr. Beispielen u. Aufgaben versehen. Von Studienrat Dr. W. Lindow. 3. A. M. 45 Fig. i. Text u. 161 Aufg. (387.)

Differentialgleichungen. Von Studienrat Dr. M. Lindow. (Bd. 589.)

Dynamik f. Mechanik, Thermodynamik.

Eiszeit, Die, u. der vorgesch. Mensch. Von Geh. Bergr. Prof. Dr. G. Steinmann. 2. Aufl. Mit 24 Abb. (Bd. 302.)

Elektrochemie u. ihre Anwendungen. Von Prof. Dr. F. Arndt. 2. Aufl. Mit 57 Abb. i. T. (Bd. 234.)

Elektrotechnik, Grundlagen der E. Von Oberingenieur A. Rotth. 3. Afl. (391.)

Energie. D. Lehre v. d. E. V. Oberlehr. A. Stein. 2. A. M. 13 Fig. (Bd. 257.)

Entwicklungsgeschichte d. Menschen. V. Dr. A. Heilborn. 2. Aufl. Mit 61 Abb. (Bd. 388.)

Ernährung und Nahrungsmittel. Von Geh. Reg.-Rat Prof. Dr. N. Zuntz. 3. Afl. Mit 6 Abb. i. T. u. 2 Taf. (19.)

Experimentalchemie f. Luft usw.

Experimentalphysik f. Physik.

9

Verzeichnis der bisher erschienenen Bände innerhalb der Wissenschaften alphabetisch geordnet

Farben s. Licht u. F.; s. a. Farben Abt. VI.
Festigkeitslehre. B. Gewerbeschulrat Baugewerkschuldir. Reg.-Baum. A. Schau. 2. Aufl. Mit 119 Figur. (Bd. 829.)
— siehe auch Mechanik, Statik.
Flechten siehe Pilze.
Fortpflanzung. F. und Geschlechtsunterschiede d. Menschen. Eine Einführung in die Sexualbiologie. B. Prof. Dr. H. Boruttau. 2. Aufl. M. 39 Abb. (Bd. 540.)
Garten. Der Klein. Von Fachlehrer für Gartenb. u. Kleintierz. Joh. Schneider. 2. Aufl. Mit 80 Abb. (Bd. 498.)
— s. a. Blumen, Pflanzen; Gartenkunst Abt. IV, Gartenstadtbewegung Abt. VI.
Geisteskrankheiten. Von Geh. Med.-Rat Dir. Dr. G. Ilberg. 2. Aufl. (151.)
Genußmittel siehe Arzneimittel u. Genußmittel; Tabak Abt. VI.
Geographie s. Abt. IV.
— Math. G. s. Erdk. Abt. IV.
Geologie, Allgemeine. B. Geh. Bergr.Prof. Dr. Fr. Frech. 6 Bde. (Bd. 207/211 u. Bd. 61.) I.: Vulkane einst und jetzt. 3. Aufl. M. Titelbild u. 78 Abb. II.: Gebirgsbau und Erdbeben. 3. wes. erw. Afl. M. Titelbild u. 57 Abb. III.: Die Arbeit des fließenden Wassers. 3. Aufl. M. 56 Abb. IV.: Die Bodenbildung, Mittelgebirgsformen u. Arbeit des Ozeans. 3., wes. erw. Aufl. Mit 1 Titelbild u. 68 Abb. V. Steinkohle, Wüsten u. Klima der Vorzeit. 3. Aufl. Von Dr. C. W. Schmidt. M. 39 Abb. VI. Gletscher einst u. jetzt. 3. Aufl. M. 46 Abb. i. T.
— s. a. Kohlen, Salzlagerstätt. Abt. VI.
Geometrie. Analyt. G. d. Ebene z. Selbstunterricht. B. Geh. Studr. B. Cranz. 2. Aufl. Mit 55 Fig. (Bd. 504.)
— Einführung i. d. darstellende Geometr. Von Prof. P. B. Fischer. (Bd. 541.)
— Geom. Zeichnen. Von akad. Zeichenl. A. Schudeisky. Mit 172 Abb. i. Text u. a. 12 Taf. (Bd. 568.)
— s. auch Planimetrie, Trigonometrie.
Geomorphologie s. Erdkunde Abt. IV.
Geschlechtskrankheiten, Die, ihr Wesen, ihre Verbreit., Bekämpfg. u. Verhütg. Für Gebildete aller Stände bearb. v. Generalarzt Prof. Dr. W. Schumburg. 5. A. Mit 4 Abb. u. 1 mehrfarb. Taf. (251.)
Geschlechtsunterschiede s. Fortpflanzung.
Gesundheitslehre. B. Prof. Dr. H. Buchner. 4. Aufl. Von Obermed.-Rat Prof. Dr. M. v. Gruber. M. 26 Abb. (Bd. 1.)
— G. für Frauen. Von Dr. Prof. Dr. K. Baisch. 2. Aufl. M. 11 Abb. (538.)
— Wie erhalte ich Körper und Geist gesund? Von Geh. Sanitätsrat Prof. Dr. F. A. Schmidt. (Bd. 600.)
— s. a. Abwehrkräfte, Bakterien, Leibesüb.
Graph. Darstellung, Die. B. Hofrat Prof. Dr. F. Auerbach. 2. Aufl. Mit 139 Figuren. (Bd. 437.)

Graphisches Rechnen. Von Oberlehrer O. Prölß. Mit 164 Fig. i. T. (Bd. 708.)
Haushalt siehe Bakterien, Chemie, Desinfektion, Naturwissenschaften, Physik.
Haustiere. Die Stammesgeschichte unserer H. Von Prof. Dr. C. Keller. 2. Aufl. Mit 29 Abb. i. Text. (Bd. 252.)
— s. a. Kleintierzucht, Tierzüchtg. Abt. VI.
Herz, Blutgefäße und Blut und ihre Erkrankungen. Von Prof. Dr. H. Rosin. Mit 18 Abb. (Bd. 312.)
Hygiene s. Schulhygiene, Stimme.
Hypnotismus und Suggestion. Von Dr. E. Trömner. 3. Aufl. (Bd. 199.)
Immunitätslehre s. Abwehrkräfte d. Körp.
Infinitesimalrechnung. Einführung in die J. B. Prof. Dr. G. Kowalewski. 3. Aufl. Mit 19 Fig. (Bd. 197.)
Integralrechnung unter Berücksichtigung der praktischen Anwendung in der Technik mit zahlr. Beisp. und Aufgaben vers. Von Studienrat Dr. M. Lindow. 2. Aufl. M. 43 Fig. u. 200 Aufg. (673.)
Kalender, Der. Von Prof. Dr. W. F. Wislicenus. 2. Aufl. (Bd. 69.)
Kälte, Die, Wesen, Erzeug. u. Verwert. Von Dr. H. Alt. 45 Abb. (Bd. 311.)
Kaufmännisches Rechnen s. Abt. VI.
Kinematographie s. Abt. VI.
Konservierung siehe Desinfektion.
Korallen u. and. gesteinbild. Tiere. B. Prof. Dr. M. May. Mit 45 Abb. (Bd. 231.)
Kosmetik. Ein kurzer Abriß der ärztlichen Verschönerungskunde. Von Dr. J. Saubet. Mit 10 Abb. im Text. (Bd. 489.)
Landmessung s. Kartenkunde Abt. IV.
Lebewesen. Die Beziehungen der Tiere und Pflanzen zueinander. Von Prof. Dr. K. Kraepelin. 2. Aufl. I. Der Tiere zueinander. M. 64 Abb. II. Der Pflanzen zueinander u. zu d. Tieren. Mit 68 Abb. (Bd. 426/427.)
— s. a. Biologie, Organismen, Schädlinge.
Leib und Seele in ihrem Verhältnis zueinander. Von Dr. phil. et med. G. Sommer. (Bd. 702.)
Leibesübungen, Die, und ihre Bedeutung für die Gesundheit. Von Prof. Dr. R. Bander. 4. Aufl. M. 20 Abb. (13.)
— s. auch Sport, Turnen.
Licht, Das, u. d. Farben. Einführung in die Optik. Von Prof. Dr. L. Graetz. 4. Aufl. Mit 100 Abb. (Bd. 17.)
Luft, Wasser, Licht und Wärme. Neun Vorträge aus d. Gebiete d. Experimentalchemie. B. Geh.Reg.-Rat Dr. R. Blochmann. 4. Aufl. M. 115 Abb. (Bd. 5.)
Luftstickstoff, D., u. s. Verwerts. B. Prof. Dr. K. Kaiser. 2. A. M. 13 Abb. (313.)
Maße und Messen. Von Dr. W. Block. Mit 34 Abb. (Bd. 385.)
Materie, Das Wesen d. M. B. Prof. Dr. G. Mie. I. Moleküle und Atome. 4. A. Mit 25 Abb. II. Weltäther und Materie. 4. Aufl. Mit Fig. (Bd. 58/59.)

Mathematik, Naturwissenschaften und Medizin

Mathematik. Einführung in die Mathematik. Von Studienrat W. Mendelsohn. Mit 42 Fig. (Bd. 503.)
— Math. Formelsammlung. Ein Wiederholungsbuch der Elementarmathematik. Von Prof. Dr. S. Jakobi. I. Arithmetik u. Algebra. II. Geometrie. (646/47.)
— Naturwissenschaft. Mathem. u. Medizin i. klass. Altertum. B. Prof. Dr. Joh. L. Heiberg. 2. Aufl. M. 2 Fig. (370.)
— Praktische M. Von Prof. Dr. R. Neuendorff. I. Graphische Darstellungen. Verkürztes Rechnen. Das Rechnen mit Tabellen. Mechanische Rechenhilfsmittel. Kaufmännisches Rechnen i. tägl. Leben. Wahrscheinlichkeitsrechnung. 2., verb. A. M. 29 Fig. i. T. u. 1 Taf. II. Geom. Zeichnen. Projektionsl. Flächenmessung. Körpervermessung. M. 133 Fig. (341, 526.)
— Mathemat. Spiele. B. Dr. W. Ahrens. 4. Aufl. M. Titelb. u. 78 Fig. (Bd. 170.)
— f. a. Arithmetik, Differentialgleichung, Differentialrechnung, Vektorrechnung, Geometrie, Graphisches Rechnen, Infinitesimalrechnung, Integralrechnung, Perspektive, Planimetrie, Projektionslehre, Spiele, Trigonometrie.

Mechanik. B. Prof. Dr. G. Hamel. 3 Bde. I. Grundbegriffe der M. Mit 38 Fig. II. M. d. festen Körper. III. M. d. flüss. u. luftförm. Körper. (Bd. 684/686.)
— Aufgaben aus d. techn. Mechanik für den Schul- u. Selbstunterricht. Von R. Schmitt. I. Statik u. Festigkeitsl. 2. Aufl. Aufg. u. Lös. II. Dynamik u. Hydraulik. 140 Aufgab. u. Lösung. m. zahlr. Figur. i. Text. (Bd. 558, 559.)
— siehe auch Statik, Festigkeitslehre.

Medizin i. klass. Altertum s. Mathematik.

Meer. Das M., s. Erforsch. u. s. Leben. Von Prf. Dr. O. Janson. 3. A. M. 40 F. (Bd. 30.)

Mensch u. Erde. Skizzen b. d. Wechselbezieh. zwischen beiden. Von Geh. Rat Prof. Dr. A. Kirchhoff. 4. Aufl. (Bd. 31.)
— Natur u. Mensch siehe Natur.
— s. a. Eiszeit, Entwicklungsgesch., Urzeit.

Menschl. Körper. Bau u. Tätigkeit d. menschl. K. Einführ. i. d. Physiol. d. M. V. Prof. Dr. H. Sachs. 4. Aufl. M. 34 Abb. (32.)
— s. auch Anatomie, Arbeitsleistungen, Auge, Blut, Fortpflanzung, Herz, Nervensystem, Sinne, Verbildungen.

Mikroskop. Das. Seine wissenschaftlichen Grundlagen und seine Anwendung. Von Dr. A. Ehringhaus. Mit 76 Abb. (Bd. 678.)

Mikrotechnik. Einführung in die M. Von Dr. B. Franz und Dr. H. Schneider. (Bd. 765.)

Moleküle s. Materie.

Mond, Der. Von Prof. Dr. J. Franz. 2. Aufl. Mit 34 Abb. (Bd. 90.)

Nahrungsmittel s. Ernährung u. N.

Natur u. Mensch. B. Direkt. Prof. Dr. M. G. Schmidt. Mit 19 Abb. (Bd. 458.)

Naturlehre. Die Grundbegriffe der modernen N. Einführung in die Physik. Von Hofrat Prof. Dr. F. Auerbach. 4. Aufl. Mit 71 Fig. (Bd. 40.)

Naturphilosophie. Von Prof. Dr. J. M. Verweyen. 2. Aufl. (Bd. 491.)

Naturwissenschaft. Religion und N. in Kampf u. Frieden. V. Pfarrer Dr. A. Pfannkuche. 2. Aufl. (Bd. 141.)
— N. und Technik. Am rauschenden Webstuhl d. Zeit. Übersicht üb. d. Wirkungen d. Naturw. u. Technik a. d. ges. Kulturleben. V. Geh. Reg.-Rat Prof. Dr. W. Launhardt. 3. Afl. M. 3 Abb. (23.)
— N., Math. u. Medizin i. klass. Altertum. B. Prof. Dr. J. L. Heiberg. 2. Aufl. Mit 2 Fig. (Bd. 370.)

Nerven. Vom Nervensystem, sein. Bau u. sein. Bedeutung für Leib u. Seele im gesund. u. krank. Zustande. V. Prof. Dr. M. Sander. 3. Aufl. M. 27 Abb. (Bd. 48.)
— siehe auch Anatomie.

Optik. Die opt. Instrumente. Lupe, Mikroskop, Fernrohr, photogr. Objektiv u. ihnen verwandte Instr. V. Prof. Dr. M. v. Rohr. 3. Aufl. M. 89 Abb. (88.)
— siehe auch Auge, Kinemat., Licht u. Farbe, Mikrosk., Spektroskopie, Strahlen.

Organismen. D. Welt d. O. In Entwickl. u. Zusammenh. dargest. B. Oberstudienr. Prof. Dr. K. Lampert. M. 52 Abb. (236.)

Paläozoologie siehe Tiere der Vorwelt.

Perspektive, Die. Grundzüge d. P. nebst Anwendg. V. Prof. Dr. K. Doehlemann. 2. verb. Afl. M. 91 Fig. u. 11 Abb. (510.)

Pflanzen. Die fleischfress. Pfl. V. Prof. Dr. A. Wagner. Mit 82 Abb. (Bd. 344.)
— Uns. Blumen u. Pfl. i. Garten. B. Prof. Dr. U. Dammer. M. 69 Abb. (Bd. 360.)
— Uns. Blumen u. Pfl. i. Zimmer. B. Prof. Dr. U. Dammer. M. 65 Abb. (Bd. 359.)
— Werdegang u. Züchtungsgrundlagen d. landw. Kulturpflanzen. V. Prof. Dr. A. Sabe. Mit Abb. (Bd. 766.)
— s. auch Botanik, Garten, Lebewesen, Pilze, Schädlinge, Tabak; Kolonialbotanik. Abt. VI.

Pflanzenphysiologie. V. Dir. Prof. Dr. H. Molisch. Mit 63 Abb. (Bd. 569.)

Photochemie. V. Prof. Dr. G. Kümmell. 2. Afl. M. 23 Abb. i. T. u. a. 1 Taf. (227.)

Photogrammetrie s. Kartenkunde Abt. IV.

Photographie s. Abt. VI.

Physik. Werdegang d. mod. Ph. V. Studienr. Dr. K. Keller. M. 13 Fig. (343.)
— Experimentalphysik. Gleichgewicht u. Bewegung. Von Geh. Reg.-Rat Prof. Dr. R. Börnstein. M. 90 Abb. (371.)

Physik. Ph. i. Küche u. Haus. V. Studienr. H. Speitkamp. 2. Aufl. Mit 34 Abb. (Bd. 478.)
— Große Physiker. Von Prof. Dr. J. A. Schulze. 2. Aufl. Mit 6 Bildn. (324.)
— s. a. Energie, Materie, Mechanik, Naturlehre, Optik, Relativitätstheorie, Wärme.

Verzeichnis der bisher erschienenen Bände innerhalb der Wissenschaften alphabetisch geordnet

Pilze, Die. Von Dr. A. Eichinger. Mit 64 Abb. (Bd. 334.)
— Pilze und Flechten. Von Dr. W. Nienburg. (Bd. 675.)
— s. auch Bakterien.
Planeten, Die. Von Prof. Dr. B. Peter. 2. Aufl. Von Observator Dr. H. Naumann. Mit 16 Fig. (Bd. 240.)
Planimetrie z. Selbstunterr. B. Geh. Studr. B. Crantz. 2. Aufl. M. 94 Fig. (340.)
Praktische Mathematik s. Mathematik.
Projektionslehre. In kurzer leichtfaßlicher Darstellung f. Selbstunterr. u. Schulgebr. Von akad. Zeichenl. A. Schubeisky. Mit 208 Abb. i. Text. (Bd. 564.)
Psychopathologie siehe Seelenleben.
Radium, Das, u. d. Radioaktivität. Von Prof. Dr. M. Centnerszwer. 2. Afl. Mit 83 Abbildungen. (Bd. 405.)
Rechenmaschinen, Die, und das Maschinenrechnen. Von Reg.-Rat Dipl.-Ing. K. Lenz. Mit 43 Abb. (Bd. 490.)
Rechenvorteile. Lehrbuch der R. Schnellrechnen und Rechenkunst. Von Ing. Dr. J. Bojko. M. zahlr. Übungsbeisp. (739.)
Relativitätstheorie. Einführ. in die. 2. verb. Aufl. M. 18 Fig. B. Dr. W. Bloch. (618.)
Röntgenstrahlen, D. R. u. ihre Anwendg. B. Dr. med. G. Buch. M. 85 Abb. i. T. u. auf 4 Tafeln. (Bd. 556.)
Säuglingspflege. Von Dr. E. Kobrak. Mit 20 Abb. (Bd. 154.)
Schachspiel, Das, und seine strategischen Prinzipien. B. Dr. M. Lange. 3. Aufl. Mit 2 Bildn., 1 Schachbrettafel u. 43 Diagrammen. (Bd. 281.)
Schädlinge, Die, im Tier- u. Pflanzenreich u. i. Bekämpf. B. Geh. Reg.-Rat Prof. Dr. K. Eckstein. 3. A. M. 36 Fig. (18.)
Schnellrechnen s. Rechenvorteile.
Schulhygiene. Von Reg.-Rat Prof. Dr. L. Burgerstein. 4. Aufl. Mit 24 eingedr. Abb. (Bd. 96.)
Seelenleben. Die krankhaften Erscheinungen des S. Allg. Psychopathologie. Von Prof. phil. et med. E. Stern. (764.)
Sexualbiologie s. Fortpflanzung.
Sexualethik. B. Prof. Dr. H. E. Timerding. (Bd. 592.)
Sinne d. Mensch., D. Sinnesorgane u. Sinnesempfindungen. B. Hofrat Prof. Dr. J. Kreibig. 3. Aufl. M. 30 Abb. (27.)
Sonne, Die. Von Prof. Dr. A. Krause. Mit 64 Abb. (Bd. 357.)
Spektroskopie. Von Prof. Dr. L. Grebe. 2. A. M. 63 Fig. i. T. u. a. 2 Doppelt. (284.)
Spiele. Führer durch die Welt der Sp. Von Dir. Prof. F. Jahn. (Bd. 758.)
— s. auch Mathem. Spiele, Schachspiel.
Sport. Von Generalsekr. C. Diem. Mit 1 Titelb. u. 4 Spielpl. i. T. (Bd. 551.)
Sprache. Die menschliche Sprache. Ihre Entwicklung beim Kinde, ihre Gebrechen und deren Heilung. Von Lehrer K. Nickel. Mit 4 Abb. (Bd. 586.)

Sprache s. a. Rhetorik, Sprache. Abt. III.
Statik. B. Gewerbeschulrat Baugewerksschulbir. Reg.-Baum. A. Schau. 2. A. Mit 112 Figur. (Bd. 828.)
— siehe auch Festigkeitslehre, Mechanik.
Sterilisation siehe Desinfektion.
Stickstoff s. Luftstickstoff.
Stimme. Die menschl. St. u. ihre Hygiene. B. Geh. Med.-Rat Prof. Dr. P. H. Gerber. 3. Aufl. M. 21 Abb. (136.)
Strahlen. Sichtbare u. unsichtb. St. Von Geh. Reg.-Rat Prof. Dr. R. Börnstein. 3. Aufl. v. Prof. Dr. E. Regener. Mit 71 Abb. (Bd. 64.)
Suggestion. Hypnotismus und Suggestion. B. Dr. E. Trömner. 3. Aufl. (Bd. 199.)
Süßwasser-Plankton, Das. B. Prof. Dr. O. Zacharias. 2. A. 57 Abb. (Bd. 156.)
Tabak, Der. Von Jak. Wolf. 2. Aufl. Mit 17 Abb. i. T. (Bd. 416.)
Thermodynamik s. Abt. VI.
Tiere. T. der Vorwelt. Von Prof. Dr. O. Abel. Mit 31 Abb. (Bd. 399.)
— Die Fortpflanzung der T. B. Prof. Dr. R. Goldschmidt. Mit 77 Abb. (Bd. 253.)
— Lebensbedingungen und Verbreitung der Tiere. Von Prof. Dr. O. Maas. Mit 11 Karten und Abb. (Bd. 139.)
— Zwiegestalt der Geschlechter in der Tierwelt (Dimorphismus). Von Dr. Fr. Knauer. Mit 37 Fig. (Bd. 148.)
— s. Aquarium, Bakterien, Bienen, Haustiere, Korallen, Lebewes., Schädlinge, Urtiere, Vogelleb., Vogelzug, Wirbeltiere.
Tierzucht siehe Abt. VI: Kleintierzucht, Tierzüchtung.
Trigonometrie. Ebene, z. Selbstunterr. B. Geh. Studienr. B. Crantz. 3. Aufl. Mit 50 Fig. (Bd. 431.)
— Sphärische Tr. z. Selbstunterr. Von Geh. Studienr. B. Crantz. Mit 27 Figur. (Bd. 605.)
Tuberkulose, Die. Wesen, Verbreitung, Ursache, Verhütung und Heilung. Von Generalarzt Prof. Dr. W. Schumburg. 3. Aufl. M. 1 Taf. u. 8 Fig. (Bd. 47.)
Turnen. Von Prof. F. Eckardt. Mit 1 Bildnis Jahns. (Bd. 583.)
— s. auch Leibesübungen.

Urtiere, Die. B. Prof. Dr. R. Goldschmidt. 2. A. M. 44 Abb. (Bd. 160.)
Urzeit, Der Mensch d. U. Vier Vorlesung. aus der Entwicklungsgeschichte des Menschengeschlechts. Von Dr. A. Heilborn. 3. Aufl. M. 47 Abb. (Bd. 62.)
Vektorrechnung. Einf. i. d. V. Von Prof. Dr. F. Jung. (Bd. 668.)
Verbildungen, körperl., i. Kindesalt. u. ihre Verh. B. Dr. M. David. M. 26 Abb. (321.)

Vererbung. Erb. Abstammgs.- u. B.-Lehre. Von Prof. Dr. E. Lehmann. 2. Aufl. Mit 27 Abbildungen. (Bd. 379.)
— **Geistige Veranlagung u. V.** B. Dr. phil. et med. G. Sommer. 2. Aufl. (512.)
— siehe auch Befruchtung.

Vogelleben. Deutsches. Zugleich als Exkursionsbuch für Vogelfreunde. B. Prof. Dr. A Voigt. 2. Aufl. (Bd. 221.)

Vogelzug und Vogelschutz. Von Dr. V. R. Eckardt. Mit 6 Abb. (Bd. 218.)

Wald. Der dtsche. B. Prof. Dr. H. Hausrath. 2. A. M. Bilderanh. u. 2 K. (153.)

Wärme. Die Lehre v. d. W. B. Geh. Reg.-Rat Prof. Dr. R. Börnstein. M. 33 Abb. 2. Aufl. v. Prof. Dr. A. Wigand. (172.)
— s. a. Luft; Wärmekraftmasch., Wärmelehre, techn. Thermodynamik Abt. VI.

Wasser, Das. Von Geh. Reg.-Rat Dr. R. Anselmino. Mit 44 Abb. (Bd. 291.)

Weidwerk, D. dtsche. B. Forstmstr. G. Frhr. v. Nordenflycht. M. Titelb. (Bd. 436.)

Weltall, Der Bau des W. Von Prof. Dr. J. Scheiner. 5. Aufl. Von Observ. Prof. Dr. P. Guthnick. M. 28 Fig. (24.)

Welträtsel s. Materie.

Weltbild. Das astronomische W. im Wandel der Zeit. Von Prof. Dr. S. Oppenheim. I. B. Altertum bis z. Neuzeit. 3. Aufl. Mit 19 Abb. II. Moderne Astronomie. 2. Aufl. Mit 9 Fig. i. Text u. 1 Taf. (Bd. 444/45.)
— siehe auch Astronomie.

Weltentstehung. Entstehung d. W. u. d. Erde nach Sage u. Wissensch. B. Prof. Dr. M. B. Weinstein. 3. Aufl. (Bd. 223.)

Weltuntergang in Sage und Wissenschaft. Von Prof. Dr. S. Oppenheim u. Prof. Dr. K. Stegler. (Bd. 720.)

Wetter. Unser W. Einführ. i. d. Klimatol. Deutschl. B. Dr. W. Hennig. 2. Aufl. Mit 48 Abb. (Bd. 349.)
— **Einführung in die Wetterkunde.** Von Prof. Dr. L. Weber. 3. Aufl. Mit 28 Abb. u. 9 Taf. (Bd. 55.)

Wirbeltiere. Vergleichende Anatomie der Sinnesorgane der W. Von Prof. Dr. W. Lubosch. Mit 107 Abb. (Bd. 282.)

Zellen- und Gewebelehre siehe Anatomie des Menschen, Biologie.

Zoologie s. Abstammungsl., Aquarium, Bienen, Biologie, Schädlinge, Tiere, Urtiere, Vogelleben, Vogelzug, Weidwerk, Wirbeltiere.

VI. Recht, Wirtschaft und Technik.

Agrikulturchemie. Von Dr. P. Krische. 2. verb. Aufl. Mit 21 Abb. (Bd. 314.)

Angestellte siehe Kaufmännische A.

Antike Wirtschaftsgeschichte. Von Dr. O. Neurath. 2. umgearb. Aufl. (258.)
— siehe auch Antikes Leben Abt. IV.

Arbeiterschutz und Arbeiterversicherung. B. Geh. Hofrat Prof. Dr. O. v. Zwiedineck-Südenhorst. 3. Aufl. (78.)

Arbeitsleistungen des Menschen, Die. Einführ. in d. Arbeitsphysiologie. B. Prof. Dr. H. Boruttau. M. 14 Fig. (Bd. 539.)
— **Berufswahl, Begabung u. A. in ihren gegenseitigen Beziehungen.** Von W. J. Ruttmann. 2. A. M. 7 Abb. (Bd. 522.)

Arzneimittel und Genußmittel. Von Prof. Dr. O. Schmiedeberg. (Bd. 363.)

Baukunde s. Eisenbetonbau.

Baukunst siehe Abt. III.

Beleuchtungswesen. Von Ing. Dr. H. Lux. Mit 54 Abb. (Bd. 433.)

Berufswahl siehe Arbeitsleistungen.

Bevölkerungswesen. Von Prof. Dr. L. von Bortkiewicz. (Bd. 670.)

Bierbrauerei. Von Dr. A. Bau. Mit 47 Abb. (Bd. 333.)

Bilanz s. Buchhaltung u. B.

Brauerei s. Bierbrauerei.

Buch. Wie ein B. entsteht. B. Prof. A. W. Unger. 5. Aufl. M. 9 Taf. u. 26 Abb. im Text. (Bd. 175.)
— s. a. Schrift- u. Buchwesen Abt. IV.

Buchhaltung u. Bilanz. Kaufm., ihre Beziehungen z. buchhalter. Organisation, Kontrolle u. Statistik. B. Dr. P. Gerstner. 3. Aufl. M. 4 schemat. Darst. (507.)
— **Buchhalterische Organisation (Selbstkostenkontrollbuchführung).** Von Dr. P. Gerstner. [In Vorb. 1921.]

Dampfkessel siehe Feuerungsanlagen.

Dampfmaschine, Die. Von Geh. Bergrat Prof. R. Vater. 2 Bde. I: Wirkungsweise d. Dampfes i. Kessel u. i. d. Masch. 4. Aufl. M. 37 Abb. (393.) II: Ihre Gestalt u. Verwend. 3. Aufl. Von Privatdoz. Dr. F. Schmidt. M. 94 Abb. (394.)

Desinfektion, Sterilisation und Konservierung. Von Reg.- und Med.-Rat Dr. O. Solbrig. Mit 20 Abb. (Bd. 401.)

Drähte u. Kabel, ihre Anfertig. u. Anwend. i. d. Elektrotech. B. Ober-Post-Insp. H. Brick. 2. Aufl. M. 43 Abb. (Bd. 285.)

Dynamik s. Mechanik, Thermodynamik.

Eisenbahnwesen, Das. Von Eisenbahnbau- u. Betriebsinsp. a. D. Dr.-Ing. E. Biedermann. 3. verb. A. M. 62 Abb. (144.)

Eisenbetonbau, Der. B. Dipl.-Ing. E. Haimovici. 2. Aufl. M. 82 Abb. i. T. sowie 6 Rechnungsbeisp. (Bd. 275.)

Eisenhüttenwesen, Das. Von Geh. Bergr. Prof. Dr. H. Wedding. 6. Aufl. v. Bergass. F. W. Wedding. M. Abb. (20.)

Elektrische Kraftübertragung, Die. B. Ing. P. Köhn. 2. Aufl. M. 133 Abb. (Bd. 424.)
— **Maschinen.** Von Dipl.-Ing. M. Liwschitz. (Bd. 774.)

Elektrochemie. Von Prof. Dr. R. Arndt. 2. Aufl. Mit 37 Abb. i. T. (Bd. 234.)

Verzeichnis der bisher erschienenen Bände innerhalb der Wissenschaften alphabetisch geordnet

Elektrotechnik, Grundlagen d. E. F. Oberying. A. Roth. 3. A. M. 70 Abb. (391.)
— f. auch Drähte und Kabel, Maschinen, Telegraphie.
Erbrecht. Testamentserrichtung und E. Von Prof. Dr. F. Leonhard. (Bd. 429.)
Ernährung u. Nahrungsmittel f. Abt. V.
Farben u. Farbstoffe. J. Erzeug. u. Verwend. B.Dr.A. Zart. 31 Abb. (Bd. 483.)
— siehe auch Licht Abt. V.
Fernsprechtechnik f. Telegraphie.
Feuerungsanlagen, Industr. u. Dampfkessel. 2. Aufl. in Vorbereit. 1921. (Bd. 348.)
Fördereinrichtungen. Von Obering. O. Bechstein. (Bd. 726.)
Frauenbewegung siehe Abt. IV.
Funkentelegraphie siehe Telegraphie.
Fürsorge f. Kriegsbeschädigtenfürs., Kinderfürsorge.
Gartenstadtbewegung, Die. Von Landeswohnungsinspektor Dr. H. Kampffmeyer. 2. Aufl. M. 43 Abb. (Bd. 259.)
Gefängniswesen f. Verbrechen.
Geldwesen, Zahlungsverkehr u. Vermögensverwalt. Von G. Maier. 2. Aufl. (398.)
— siehe auch Münze Abt. IV.
Genußmittel f. Arzneimittel, Tabak.
Gewerblicher Rechtsschutz i. Deutschland. B. Ing. Patentanw. B. Tolksdorf. (138.)
— siehe auch Urheberrecht.
Graphische Darstell., Die. Eine allgemeinverst. Einführ. i. d. Sinn u. d. Gebrauch d. Methode. Von Hofrat Prof. Dr. F. Auerbach. 2. Afl. M. 139 Abb. (437.)
Handel. Geschichte d. Welth. Von Realgymnasialdirektor Prof. Dr. M. G. Schmidt. 3. Aufl. (Bd. 118.)
— Geschichte d. dtsch. Handels seit d. Ausgang d. Mittelalt. B. Dir. Prof. Dr. B. Langenbeck. 2. A. M. 16 Tab. (237.)
Handfeuerwaffen, Die. Entwickl. u. Techn. B. Major R. Weiß. 69 Abb. (Bd. 364.)
Handwerk, D. deutsche, in f. kulturgeschichtl. Entwicklg. B. Geh. Schulr. Dir. Dr. E. Otto. 5. A. M. 23 Abb. a. 8. Taf. (14.)
Haushalt f. Desinfekt., Chemie, Physik; Nahrungsm. Baster. Abt. V.
Häuserbau siehe Beleuchtungswesen, Wohnungswesen.
Hebezeuge, Hilfsmitt. z. Heben fester, flüss. u. gasf. Körper. B. Geh. Bergrat Prof. R. Vater. 2. Aufl. M. 67 Abb. (196.)
Holz, Das H., seine Bearbeitung u. seine Verwenda. B. Insp. J. Großmann. Mit 39 Originalabb. i. T. (Bd. 473.)
Hotelwesen, Das. Von B. Damm-Etienne. Mit 30 Abb. (Bd. 331.)
Hüttenwesen siehe Eisenhüttenwesen.
Ingenieurtechnik. Schöpfungen d. J. der Neuzeit. Von Geh. Regierungsrat M. Geitel. Mit 32 Abb. (Bd. 28.)
Instrumente siehe Optische J.

Kabel f. Drähte und K.
Kälte, Die, ihr Wesen, i. Erzeug. u. Verwertg. B. Dr. H. Alt. M. 45 Abb. (311.)
Kaufmann. Das Recht des K. Ein Leitfaden f. Kaufleute, Studier. u. Juristen. B. Justizrat Dr. M. Strauß. (Bd. 409.)
Kaufmännische Angestellte. D. Recht d. k. A. B. Justizr. Dr. M. Strauß. (361.)
Kaufmännisches Rechnen. Von Oberlehrer K. Both. (Bd. 724.)
— **Höhere kaufm. Arithmetik.** Von Prof. J. Koburger. (Bd. 725.)
— **Lehrbuch der Rechenvorteile.** Schnellrechnen u. Rechenkunst. Von Ing. Dr. F. Boilo. M. zahlr. übungsbeisp. (739.)
— f. auch Rechenmaschine.
Kinderfürsorge. B. Prof. Dr. Chr. J. Klumker. (Bd. 620.)
Kinematographie. Von Dr. H. Lehmann. 2. Aufl. B. Dr. W. Merts. Mit 68 zum Teil neuen Abb. (Bd. 358.)
Klein- u. Straßenbahnen, Die. B. Obering. a. D. Oberlehrer A. Liebmann. Mit 85 Abb. (Bd. 322.)
Kleintierzucht, Die. Von Fachl. f. Gartenbau und Kleintierzucht Joh. Schneider. Mit 59 Fig. i. T. u. a. 6 Taf.
— siehe auch Tierzüchtung. [(Bd. 604.)
Kohlen, Unsere. B. Bergass. Dr. Kukuk. 2. verb. Aufl. Mit 49 Abb. i. Text u. 1- Taf. (Bd. 396.)
Kolonialbotanik. Von Prof. Dr. F. Tobler. Mit 21 Abb. (Bd. 184.)
Kolonisation, Innere. Von A. Brenning. (Bd. 261.)
Konservierung siehe Desinfektion.
Konsumgenossenschaft, Die. Von Prof. Dr. F. Staudinger. 2. Aufl. (Bd. 222.)
— f. auch Mittelstandsbewegung, Wirtschaftliche Organisationen.
Kraftanlagen siehe Dampfmaschine, Feuerungsanlagen und Dampfkessel, Wärmekraftmaschine, Wasserkraft.
Kraftübertragung, Die elekt. B. Ing. B. Köhn. 2. Afl. M. 133 Abb. (Bd. 424.)
Krieg. Kulturgeschichte d. K. V. Prof. Dr. K. Weule, Geh. Hofrat Prof. Dr. E. Bethe, Prof. Dr. B. Schmeidler, Prof. Dr. A. Doren, Prof. D. B. Herre. (Bd. 561.)
Kriegsbeschädigtenfürsorge. In Verbindung mit Med.-Rat, Oberstabsarzt u. Chefarzt Dr. Rebentisch, Gewerbeschuldir. H. Bach, Direktor des Städt. Arbeitsamts Dr. B. Schlotter hersg. v. Prof. Dr. E. Kraus, Leit. d. Städt. Fürsorgeamts für Kriegshinterblieb. in Frankfurt a. M. M. 2 Abbildspt. (523.)
Kriegsschiffe, Unsere. V. Geh. Marinebaur. a. D. E. Krieger. 2. Afl. v. Marinebaur. Fr. Schürer. M. 62 Abb. (389.)

Kriminalistik, Moderne. Von Amtsrichter Dr. A. Hellwig. M. 18 Abb. (Bd. 476.)
— s. a. Verbrechen, Verbrecher.
Landwirtschaft, Die deutsche. V. Dr. W. Claaßen. 2. Aufl. Mit 15 Abb. u. 1 Karte. (Bd. 215.)
— s. auch Agrikulturchemie, Kleintierzucht, Luftstickstoff, Tierzüchtung; Haustiere, Pflanzen, Tierkunde. Abt. V.
Landwirtschaftl. Maschinenkunde. V. Geh. Reg.-Rat Prof. Dr. G. Fischer. 2. Afl. Mit 64 Abbildungen. (Bd. 316.)
Luftfahrt, Die, ihre wissenschaftlichen Grundlagen und ihre technische Entwicklung. Von Dr. R. Nimführ. 3. Aufl. v. Dr. Fr. Huth. M. 60 Abb. (Bd. 300.)
Luftstickstoff, Der, u. s. Verw. V. Prof. Dr. K. Kaiser. 2. A. M. 13 Abb. (313.)
Marx, Karl. Versuch e. Würdigung. V. Prof. Dr. R. Wilbrandt. 4. A. (621.)
— s. auch Sozialismus.
Maschinen s. Dampfmaschine, Elektrische Maschinen, Hebezeuge, Landwirtsch. Maschinenkunde, Wärmekraftmaschinen, Wasserkraftausnutzung, Fördereinrichtg.
Maschinenelemente. Von Geh. Bergrat Prof. R. Vater. 3. A. M. 175 Abb. (Bd. 301.)
Maße und Meisen. Von Dr. W. Block. Mit 34 Abb. (Bd. 385.)
Mechanik. V. Prof. Dr. G. Hamel. 3 Bde. I. Grundbegriffe d. M. Mit 38 Fig. II. M. der festen Körper. III. M. d. flüss. u. luftförm. Körper. (Bd. 684/686.)
— Aufgaben aus der technischen M. f. d. Schul- u. Selbstunterr. V. Prof. R. Schmitt. M. zahlr. Fig. I. Statik u. Festigkeitslehre. 2. Aufl. M. zahlr. Aufg. u. Lösungen. II. Dynamik u. Hydraulik. 140 Ausg. u. Lös. (Bd. 558/559.)
Metallurgie. Von Dr.-Ing. K. Nugel. I. Leicht- u. Edelmetalle. II. Schwermetalle. (Bd. 446/447.)
Miete, Die, nach d. BGB. Ein Handbüchlein f. Juristen, Mieter u. Vermiet. V. Justizrat Dr. M. Strauß. 2. A. (194.)
Milch, Die, und ihre Produkte. Von Dr. A. Reiß. Mit 16 Abb. (Bd. 362.)
Mittelstandsbewegung, Die moderne. Von Dr. L. Müffelmann. (Bd. 417.)
— siehe Konsumgenoss., Wirtschaftl. Org.
Nahrungsmittel s. Abt. V.
Naturwissensch. u. Technik. Am sauf. Webstuhl d. Zeit. übers. üb. b. Wirkgn. b. Entw. d. N. u. T. a. d. ges. Kulturleb. V. Geh. Reg.-Rat Prof. W. Launhardt. 3. Aufl. Mit 3 Abb. (Bd. 23.)
Nautik. V. Dir. Dr. I. Möller. 2. Aufl. Mit 64 Fig. i. T. u. 1 Seekarte. (255.)
Optischen Instrumente, Die, Lupe, Mikroskop, Fernrohr, photogr. Objektiv u. ihnen verw. Instr. Von Prof. Dr. M. v. Rohr. 3. Aufl. M. 89 Abb. (Bd. 88.)

Organisationen. Die wirtschaftlichen. Von Prof. Dr. E. Lederer. (Bd. 428.)
Ostmark, Die. Eine Einführ. i. d. Probleme ihrer Wirtschaftsgesch. Hrsg. von Prof. Dr. W. Mitscherlich. (Bd. 351.)
Patente u. Patentrecht s. Gewerbl. Rechtssch.
Perpetuum mobile, Das. V. Dr. Fr. Ichal. Mit 38 Abb. (Bd. 462.)
Photochemie. Von Prof. Dr. G. Kümmell. 2. Aufl. Mit 23 Abb. i. Text u. auf 1 Tafel. (Bd. 227.)
Photographie, Die, ihre wissensch. Grundl. u. i. Anwendg. V. Dipl.-Ing. Dir. Dr. O. Brelinger. 2. A. M. 64 Abb. (414.)
— **Die künstlerische Ph.** Ihre Entwicklung, ihre Probleme, ihre Bedeutung. Von Studienrat Dr. W. Warstat. 2. verb. Aufl. Mit Bilderanh. (Bd. 410.)
Postwesen, Das. Von Oberpostrat O. Sieblist. 2. Aufl. (Bd. 182.)
Rechenmaschinen, Die, und das Maschinenrechnen. Von Reg.-Rat Dipl.-Ing. K. Lenz. Mit 43 Abb. (Bd. 490.)
Rechnen siehe kaufm. Rechnen.
Recht. Rechtsfragen des täglichen Lebens in Familie und Haushalt. Von Justizrat Dr. M. Strauß. (Bd. 219.)
— **Rechtsprobleme, Mod.** V. Geh. Justizr. Prof. Dr. I. Kohler. 2. Aufl. (Bd. 128.)
— s. auch Erbrecht, Gewerbl. Rechtsschutz, Kaufmann, Kaufm. Angest., Kriminalistik, Miete, Urheberrecht, Verbrechen, Versicherungsrecht, Zivilprozeßrecht.
Reichsverfassung siehe Verfassung.
Salzlagerstätten, Die deutschen. Ihr Vorkommen, ihre Entstehung und die Verwertung ihrer Produkte in Industrie und Landwirtschaft. Von Dr. T. Riemann. Mit 27 Abb. (Bd. 407.)
— siehe auch Geologie Abt. V.
Schmuck., Die, u. d. Schmucksteinindustr. V. Dr. A. Eppler. M. 64 Abb. (Bd. 376.)
Soziale Bewegungen u. Theorien b. z. mod. Arbeiterbew. V. G. Maier. 8. A. (Bd. 2.)
— s. a. Arbeiterschutz u. Arbeiterversicher.
Sozialismus, Die gr. Sozialisten. Von Dr. Fr. Muckle. 4. Aufl. I. Owen, Fourier, Proudhon. II. Saint-Simon, Becqueur, Buchez, Blanc, Robbertus, Weitling, Marx, Lassalle. (269, 270.)
— s. auch Marx; Rom, Soz. Kämpfe i. alt. R. Abt. IV.
Spinnerei, Die. Von Dir. Prof. M. Lehmann. Mit 35 Abb. (Bd. 338.)
Sprengstoffe, Die, ihre Chemie u. Technologie. V. Geh. Reg.-Rat Prof. Dr. R. Biebermann. 2. Aufl. M. 12 Fig. (286.)
Staat siehe Abt. IV.
Statik. V. Gewerbeschulrat Reg.-Baum. Baugewerkschuldir. A. Schau. 2. Aufl. Mit 112 Fig. i. Text. (Bd. 828.)
— s. auch Festigkeitslehre, Mechanik.

Verzeichnis der bisher erschienenen Bände innerhalb der Wissenschaften alphabetisch geordnet

Statistik. V. Prof. Dr. S. Schott. 2. Aufl. (Bd. 442.)

Steuern, Die neuen Reichsst. Von Rechtsanwalt Dr. E. Dede. (Bd. 767.)

Strafe und Verbrechen, Geschichte u. Organis. d. Gefängniswes. V. Strafanstaltsdir. Dr. med. P. Pollitz. (Bd. 323.)

Straßenbahnen, Die Klein- u. Straßenb. Von Oberingenieur a. D. Oberlehrer A. Liebmann. M. 85 Abb. (Bd. 322.)

Tabak, Der. Anbau, Handel u. Verarbeit. V. Jac. Wolf. 2., verb. u. ergänzt. Aufl. Mit 17 Abb. (Bd. 416.)

Technik. Einführung in d. T. Von Geh. Reg.-Rat Prof. Dr. H. Lorenz. M. 77 Abb. im Text. (Bd. 729.)

— **Die chemische T.** Von Dr. A. Müller. 2. Aufl. Mit Abb. (Bd. 191.)

Techn. Zeichnen s. Zeichnen.

Telegraphie. D. Telegraph.- u. Fernsprechw. V. Oberpostr. O. Sieblist. 2. A. (183.)

— **Telegraphen- und Fernsprechtechnik** in ihrer Entwicklung. V. Oberpost-Insp. H. Brick. 2. A. Mit 65 Abb. (Bd. 235.)

— **Die Funkentelegr.** V. Telegr.-Dir. A. Thurn. 5. Aufl. M. 51 Abb. (Bd. 167.)

— siehe auch Drähte und Kabel.

Testamentserrichtung und Erbrecht. Von Prof. Dr F. Leonhard. (Bd. 428.)

Thermodynamik. Praktische. Aufgaben u. Beispiele zur technischen Wärmelehre. Von Geh. Bergrat Prof. Dr. R. Vater. Mit 40 Abb. i. Text u. 3 Taf. (Bd. 596.)

— siehe auch Wärmelehre.

Tierzüchtung. Von Tierzuchtdirektor Dr. G. Wilsdorf. 2. Aufl. M. 23 Abb. auf 12 Taf. u. 2. Fig. i. T. (Bd. 369.)

— siehe auch Kleintierzucht.

Uhr, Die. Grundlagen u. Technik d. Zeitmeß. V. Prof. Dr.-Ing. H. Bock. 2. umgearb. Aufl. Mit 55 Abb. i. T. (216.)

Urheberrecht. D. Recht a. Schrift- u. Kunstw. V. Rechtsanw. Dr. R. Mothes. (455.)

— siehe auch gewerblich. Rechtsschutz.

Verbrechen, Straf- und V. Geschichte u. Organisation d. Gefängniswesens. V. Strafanst.-Dir. Dr.med.V. Pollitz. (Bd. 323.)

— **Moderne Kriminalistik.** V. Amtsrichter Dr. A Hellwig. M. 18 Abb. (Bd. 476.)

Verbrecher, Die Psychologie des V. (Kriminalpsych.) V. Strafanstaltsdir. Dr. med. P. Pollitz. 2. A. M. 5 Diagr. (Bd. 248.)

Verfassung. Die neue Reichsverfassung. V. Privatdoz. Dr. O. Bühler. (Bd. 762.)

— siehe auch Steuern, die neuen Reichsst.

Verfassung. Verfaffn. u. Verwalt. d. deutsch. Städte. Von Dr. M. Schmid. (466.)

— **Deutsch. Verfassgsg. i. geschichtl. Entw.** V. Prof. Dr. E. Hubrich. 2. A. (Bd. 80.)

— **Deutsche Verfassungsgeschichte vom Anfange des 19. Jahrh. b. z. Gegenw.** V. Prof. Dr. M. Stimming. (639.)

Verkehrsentwicklung i. Deutschl. seit 1800 fortgef. b. i. Gegenw. Von Geh. Hofr. Prof. Dr. W. Loh. 4., verb. Aufl. (15.)

Versicherungswesen. Grundzüge des V. (Privatversicher.) Von Prof Dr. A. Manes. 3., veränd. Aufl. (Bd. 105.)

Volkswirtschaftslehre. Grundzüge der V. Von Prof. Dr. G. Jahn. (Bd. 593.)

Wald, Der deutsche. V. Prof. Dr Hausrath. 2. A. Bilderanh. u. 2 Kart. (153.)

Wärmekraftmaschinen, Die neueren. Von Geh. Bergrat Prof. R. Vater. 2 Bde. I: Einführung in die Theorie u. d. Bau d. Gasmasch. 5.Aufl. M. 41 Abb. (Bd. 21.) II: Gaserzeuger, Großgasmasch., Dampf- u. Gasturb. 4. Aufl. M. 43 Abb. (Bd. 86.)

Wärmelehre, Einf. i. d. techn. (Thermodynamik). V. Geh. Bergrat Prof. R. Vater. 2. Aufl. von Dr. F. Schmidt. (516.)

— f. auch Thermodynamik.

Wasser, Das. Von Geh. Reg.-Rat Dr. O. Anselmino. Mit 44 Abb. (Bd. 291.)

— f. a. Luft, Waff., Licht, Wärme Abt. V.

Wasserkraftausnutzung u. -maschinen. V. Dr.-Ing. F. Lawaczel. (Bd. 732.)

Weidwerk, D. d'sche. V. Forstmeist. G. Frhr. v. Nordenflycht. M. Titelb. (436.)

Weinbau und Weinbereitung. Von Dr. F Schmitthenner. 34 Abb. (Bd. 332.)

Wirtschaftlichen Organisationen, Die. Von Prof. Dr. E. Lederer. (Bd. 428.)

— f. Konsumgenoff., Mittelstandsbeweg.

Wirtschaftsgeographie. Von Prof Dr. F. Heiderich. (Bd. 633.)

Wirtschaftsgeschichte vom Ausgange d. Antike bis zum Beginn des 19. Jahrhunderts. (Mittl. Wirtschaftsgeschichte.) V. Prof. Dr. H. Sieveking. (577.)

— f. a. Antike V., Ostmark.

Wirtschaftsleben, Deutsch. Auf geograph Grundl. gesch. v. Prof. Dr. Chr. Gruber. 4. A b. Dr. H. Reinlein. (42.)

— **Die Entwicklung des deutschen Wirtschaftslebens i. letzten Jahrh.** V. Geh. Reg.-Rat Prof. Dr. L. Pohle. 4. A. (57.)

Wohnungswesen. Von Prof. Dr. R. Eberstadt. (Bd. 709.)

Zeichnen, Techn. V. Reg.- u. Gewerbeschulr. Prof. Dr. R. Horstmann. (Bd. 543.)

Zeitungswesen. V. Dr. H. Diez. 2. Aufl. (Bd. 328.)

Zivilprozeßrecht, Das deutsche. Von Justizrat Dr. M. Strauß. (Bd. 315.)

═══ **Weitere Bände sind in Vorbereitung.** ═══

Druck von B. G. Teubner in Leipzig.

MIX
Papier aus verantwortungsvollen Quellen
Paper from responsible sources
FSC® C105338

If you have any concerns about our products,
you can contact us on
ProductSafety@springernature.com

In case Publisher is established outside the EU,
the EU authorized representative is:
**Springer Nature Customer Service Center GmbH
Europaplatz 3, 69115 Heidelberg, Germany**

Printed by Libri Plureos GmbH
in Hamburg, Germany